大鸡

妙排

妃翅

三鸡

鸡香如意

无鸡不成宴，传唱千年的关于鸡的风俗你知道多少？

鸡肉经典菜肴，道道都是吉利菜。

享受让你垂涎欲滴的鸡肉美馔。

格润生活·编著

青岛出版社
QINGDAO PUBLISHING HOUSE

鸡肉

美味的旅行

"宫保鸡丁"作为川菜头牌，家喻户晓；"白斩鸡"作为上海菜的代表，俘获了一大批吃货的胃；"盐焗鸡"则是粤菜中的必点佳肴。"棒棒鸡""布袋鸡""大盘鸡""三杯鸡""啤酒鸡""麻油鸡"……拥有层出不穷的鸡肉菜肴，成为中华美食一大特色！吃鸡肉，既可豪爽又可斯文；吃鸡肉，既可感受其形又可感受其味。因此，作为老饕，我们是难以抗拒美味的鸡肉菜肴的。

无鸡不成宴席。自古以来，民间就流传着鸡为"吉利"之意，逢年过节、宴请亲朋，鸡肉是必不可少的一道菜肴。中国地域广大，饮食习惯各不相同，在富有创新精神的厨师手里，鸡肉的烹饪方法也千差万别。

一只鸡在重庆厨师手里，就会变化出麻辣鲜香的"重庆辣子鸡"。将鸡斩成小块，加调料腌制，放入油中炸至外表变干呈深黄色，再将葱、姜、蒜、干辣椒和花椒翻炒至呛鼻，倒入炸好的鸡块，炒匀即成重庆江湖菜的"老大"——重庆辣子鸡。

将这只鸡交到浙江厨师手中，就变成了著名的"叫化童子鸡"。古时杭州一个乞丐弄到一只鸡，可又缺锅少灶，饥饿难忍之际，他便效仿烤红薯的方法，用黄泥将鸡包起来，放在石块垒成的"灶"上用干柴熏烤，待泥干鸡熟，剥开后顿时香气四溢。后来，此技法被厨师不断改进，除了在泥巴中加入黄酒之外，还使用荷叶包鸡，使荷叶的清香和鸡肉的鲜香融为一体，"叫化童子鸡"更是声名远播。

如果再将这只鸡传到山东德州贾建才手中，就变成了著名的"德州扒鸡"。相传，德州贾建才开了一家烧鸡店，一次由于店伙计的疏忽，烧鸡烹煮过火，结果却变成了五香透骨、味美诱人的五香脱骨扒鸡。此后"德州扒鸡"传遍中华大地，被誉为"天下第一鸡"。作为"德州扒鸡"忠实的拥趸，直到现在，我还是不能忘怀第一次吃"德州扒鸡"时的心情！

好吃的鸡肉菜肴不仅要满足人的口腹之欲，更是人情感的催化剂。从这个层面来讲，面对一道精美的鸡肉美食，食客会变得无比虔诚与崇敬！

 目 录

调料量取说明

为了方便使用，增加可操作性，本书统一使用大勺、小勺量取调料：

1大勺＝15克

1小勺＝5克

第一篇 不负宠爱鸡家族

第二篇 经典鸡肉肴 盛装亮相

重庆名菜
辣子鸡 / 050

浙江名菜
绍兴醉鸡 / 053

湖南名菜
东安仔鸡 / 056

江西名菜
三杯鸡 / 059

云南名菜
三七汽锅鸡 / 062

广东名菜
东江盐焗鸡 / 065

广东名菜
太爷鸡 / 068

海南名菜
白切文昌鸡 / 071

韩国名菜
辣炒鸡排 / 074

韩国名菜
参鸡汤 / 077

墨西哥名菜
鸡肉卷 / 080

第三篇 家常鸡肉肴 味道鲜美

原汁原味
凉拌菜 >>

麻辣鸡皮 / 085

煎鸡肉沙拉 / 087

鱼腥草拌鸡 / 089

飘香花生鸡 / 091

盐水白鸡 / 093

蘸水手撕鸡 / 095

蒜香翡翠鸡 / 097

小火慢炖
焖煮烧 >>

香糟卤鸡 / 099

虾酱卤仔鸡 / 101

卤汁红油鸡 / 103

咖喱香叶鸡 / 105

水煮珍珠鸡 / 107

印度咖喱鸡 / 109

粉条炖土鸡 / 111

莲藕烧鸡腿 / 113

玉米炖鸡腿 / 115

木瓜贵妃鸡翅 / 117

菠萝焖鸡翅 / 119

红卤蘑菇翅 / 121

腐乳鸡翅中 / 123

酱香脱骨翅 / 125

麻辣鸡脖 / 127

顺滑鲜嫩
蒸最鲜 >>

辣味芽菜鸡 / 129

XO 糯米鸡 / 131

粉蒸榆钱鸡 / 133

冰梅酱红糟鸡 / 135

炸蒸笨鸡皮扎 / 137

酥香味浓
煎烤炸 >>

OK 铁板鸡 / 139

茶香烤卤鸡 / 141

日式唐扬鸡块 / 143

孜辣鸡排 / 145

海鲜酱爆鸡 / 147

奥尔良烤翅 / 149

沙茶烤鸡翅 / 151

热油急火
家常炒 >>

麻花辣子鸡 / 153

剁椒小滑鸡 / 155

子姜嫩鸡 / 157

杭椒鸡柳 / 159

红薯荷兰豆鸡柳 / 161

青笋滑鸡腿 / 163

猕猴桃核桃鸡丁 / 165

红枣银芽鸡丝 / 167

泰式番茄蜜瓜鸡柳 / 169

枸杞龙眼鸡片 / 171

葱辣鸡杂 / 173

黄瓜炒鸡肝 / 175

蚕豆爆鸡胗 / 177

孜然爆鸡心 / 179

汤汤水水
汤羹煲 >>

鸡肉酥汤 / 181

酸辣鸡丝汤 / 183

双豆鸡翅汤 / 185

麻香豆花鸡 / 187

香菜鸡肉羹 / 189

熘香椿鸡蓉 / 191

第一篇

不负宠爱鸡家族

鸡肉好吃又营养，但是如何吃鸡肉也有学问。本篇是关于吃鸡肉的那些事儿，介绍了鸡的文化典故、种类，鸡肉的保健功效，详细解析鸡的选购、加工以及烹调技巧等。

爱鸡就是爱吉利

在中国传统文化里，鸡与"吉"谐音，是阳性的象征。民间也将鸡视为吉祥物，说它可以避邪，还可以吃掉各种毒虫，为人类除害。新年第一天，民间常以红纸剪鸡作窗花，且将这一天定为"鸡日"。这种风俗是从古代神话演变而来的。据说，东海中有一座大山，名度朔山，又名桃都山，山上有一株巨大无比的桃树，树根向周围伸展，方圆足足有三千里。树顶有一只金鸡，日出报晓。它一啼，天下的鸡就都跟着叫起来了。所以，元旦所剪的鸡其实就象征着天鸡。古人元旦以桃木刻神像立在大门前，还要插几根公鸡毛象征天鸡，后来桃符演变成了春联，插鸡毛演变成了剪鸡窗花。在南北朝的《荆楚岁时记》中，对元旦剪鸡的风俗就有记载，这说明此风俗已流传了1500年以上。

曾流行于浙江金华、武义等地的民俗是"杀鸡"。每年七月初七，当地民间必杀雄鸡，因为当夜牛郎、织女鹊桥相会，若无雄鸡报晓，两人便能永不分开。

浙江一带还有"宰鸡"的婚俗。新郎前去女方家迎亲，女方家在地上铺一块白布，让新郎在上面宰鸡，但不准将鸡血溅在白布上，否则罚酒，溅几滴血则罚几杯酒。

旧时陕西扶风一带有"戴布鸡"的风俗。每年正月二十以后，母亲常用花布缝制小布鸡，给孩子戴在胳膊上，认为如此能使孩子一年不生病。

河南一些地区在农历十月初一要杀鸡吓鬼。传说当日阎王爷放鬼，至来年清明节收鬼。民间认为鬼怕鸡血，鸡血避邪，可使小鬼不敢入阳宅，俗语称："十月一日，杀小鸡儿。"

土家族称踢毽子为"踢鸡"。春节时男女青年一起"踢鸡"，一人将"鸡"踢起，众人都去争接，接到"鸡"的人就可以用草去追打任何人。青年男女往往追打他们的意中人，这样，"踢鸡"又成了谈情说爱的媒介。

流行于浙江金华地区的民俗还有在端午节佩戴鸡心袋。五月初五，人们用红布制成小袋子，形似鸡心，内装茶叶、大米和雄黄粉，挂在孩子胸前，以驱邪祈福。"鸡心"谐音"记性"，小孩挂了鸡心袋，寓意读书记性好，将来有出息。

　　东南沿海一带流行"公鸡拜"的婚俗，这是用公鸡代替新郎与新娘拜堂的一种仪式。在成婚当天，如新郎出海不能如期赶上吉日良辰，便由小姑子提公鸡行拜堂礼。拜堂毕，在公鸡颈上悬一条红布，并将鸡关进洞房，以饭食喂养。待新郎归来后，才将公鸡放出，故当地民间有"阿姑代拜堂，公鸡陪洞房"的谚语。

　　台湾地区有一种特别的婚俗，称为"引路鸡"。女方事先选购一只即将下蛋的健壮母鸡和一只刚会啼叫的公鸡，到姑娘出嫁这一天，父母要扎两条九尺长的红绳，一头绑住母鸡的脚，一头绑住公鸡的脚，然后将他们抱进一个新的大提篮中，由女傧相带到新郎家，进门后则改称"公婆鸡"或"夫妻鸡"，预祝新婚夫妇和睦相处，长久恩爱，一直到老。

　　我国一些地区还有"抱鸡"的婚俗。出嫁时，女方选一男童抱一只母鸡随花轿出发，前往送亲。因为"鸡"与"吉"谐音，所以"抱鸡"的仪式，图的就是个吉利。

家鸡的祖先是谁？

大家都知道，鸡有家鸡和野鸡之分。野鸡为国家保护动物，在禁食之列。家鸡的形态、骨骼与鸟类非常相似。据说，远古时的鸡与鸟是一样的，也能在天空中自由自在地飞翔。后来，鸡被人类捉来饲养。就这样，鸡双翼退化，不能飞了，最多在不足一米的低空蹦来跳去，身子也笨重多了，全身都是肉，变成了现在这副模样。鸡头上有肉冠，嘴下有肉垂。雄鸡的肉冠尤为发达，羽毛艳丽，好斗，习惯于清晨啼叫。母鸡则产蛋，孵雏。鸡喜欢吃谷子、菜叶、昆虫、鱼虾等，是人们主要的畜养家禽之一。那么，家鸡的祖先是谁呢？家鸡的祖先是漂亮的野鸡——雉类，又称原鸡，为鸡形目雉科动物。原鸡包括红原鸡、灰原鸡、绿原鸡和锡兰原鸡，与家鸡都有渊源关系，但驯化的原鸡主要为红原鸡。红原鸡的形态和习性与家鸡相仿，但适应能力和反应能力却强于家鸡。野生的红原鸡分布在我国广西、云南、广东和海南等地，是现在人们饲养的家鸡的唯一直系祖先。

关于家鸡的起源，目前相关书籍都说我国的家鸡由印度传来，而后再从中国传入日本及欧洲各国。这种说法最早见于达尔文的《动物和植物在家养下的变异》一书中。也有研究表示，"家鸡由印度传入我国"是根据明朝的《三才图会》中"鸡，西方之物也"这句话错误推断出来的。这句话是说鸡在十二生肖中属酉，酉的方位为西；即使按"西方"解释，也是指蜀、荆等我国西部地区，而并非印度。

品种繁多的鸡家族

现今世界上有300多种家鸡。家鸡按用途可分为肉用鸡、蛋用鸡和蛋肉兼用鸡三种。下面对常入肴的十种家鸡做一下介绍，以供大家在选购时参考。

越鸡　名菜：越王东坡鸡

也叫萧山鸡，产于浙江萧山，分布于杭嘉湖平原及绍兴地区。绍兴在春秋时期曾是越国的故都，当时，在越王宫内，养有一批花鸡，专供帝王后妃观赏玩乐。后来逐步成为优良的食用鸡种，流传至今，被称为"越鸡"。该鸡为蛋肉兼用型品种，主要特征是体形较大，外形近似方而浑圆，公鸡羽毛紧凑，头昂尾翘，全身羽毛有红、黄两种，母鸡全身羽毛基本为黄色，尾羽多呈黑色。

杏花鸡　名菜：封开杏花鸡

又叫米仔鸡，产于广东封开县。此鸡属小型肉用鸡种，其体形特征可概括为"两细"（头细、脚细）和"三短"（颈短、躯体短、脚短）。公鸡头大，冠大而直立，羽毛黄中略带金红色；母鸡头小，喙短而黄，体羽黄色或浅黄色，颈基部羽多有黑斑点。

清远麻鸡　名菜：白灼清远鸡

俗称清远鸡，产于广东清远市，因母鸡背羽面点缀着无数芝麻样斑点而得名。早在宋朝清远麻鸡就已被记入《清远县志》，距今已有800多年历史。该鸡属肉用型品种，体形特征可概括为"一楔""二细""三麻身"。"一楔"指母鸡体形像楔形，前躯紧凑，后躯圆大；"二细"指头细、脚细；"三麻身"指母鸡背羽面主要有麻黄、麻棕、麻褐三种颜色。这种鸡以肉质嫩滑、皮脆骨细、味美鲜香的特点驰名中外，美国前总统尼克松、日本前首相田中角荣都曾慕名指定品尝清远麻鸡。

桃源鸡　名菜：桃源铜锤鸡腿

又称铜锤鸡，主产于湖南省桃源县中部，因鸡腿形似铜锤而得名。据《桃源县志》记载，桃源喂养这种鸡已有300多年历史。该鸡属肉用型品种，主要特征是体形高大，体质结实，羽毛蓬松金黄，体躯稍长，呈长方形。

寿光鸡　名菜：虎头鸡

又叫慈伦鸡，产于山东寿光县，为蛋肉兼用型品种。大型寿光鸡外貌雄伟，躯体高大，体形近似方形。成年鸡全身羽毛黑色并闪绿色光泽。

九斤黄　名菜：鸡骨酱

产于上海市南汇、奉贤、川沙等黄浦江以东的广大地区，又名浦东鸡。该鸡属蛋肉兼用型品种，体形较大，公鸡羽色有黄胸黄背、红胸红背和黑胸红背三种。母鸡全身黄色，羽片端部或边缘有黑色斑点。

宜丰鸡　名菜：五香鸡

产于江西省宜丰县，属蛋肉兼用型品种，主要特征是体形小巧玲珑，腿短脚细，羽毛光泽鲜艳，色彩各异，嘴为黄黑色。

庄河鸡　名菜：炖大骨鸡

又名大骨鸡，产于辽宁省庄河市，山东、河北、内蒙古等地也有分布，属蛋肉兼用型品种。主要特征是体形较大，胸深且广，背宽而长，腿高粗壮，腹部丰满，墩实有力，以体大、蛋大、味道鲜美著称。

海南文昌鸡　名菜：白切文昌鸡

中国优质家禽品种之一，其历史已有400多年。清代中期由福建、粤东地区的移民带入，并落户文昌。据传，文昌鸡最早出自该县潭牛镇天赐村，此村盛长榕树，树籽富含营养，落地后家鸡啄食，体质极佳。文昌鸡的特点是个体不大，重约 1.5 千克，毛色光泽，翅短脚矮，身圆股平，皮薄肉嫩，骨酥皮脆。

🍗 鸡的全身都是宝

中医认为，鸡肉有温中益气、补虚填精、健脾胃、活血脉、强筋骨的功效。鸡肉对营养不良、畏寒怕冷等症有很好的食疗作用。鸡胸肉中含有较多的B族维生素，具有恢复疲劳、保护皮肤的作用；鸡腿肉含铁量较高，可改善缺铁性贫血；鸡翅含有丰富的骨胶原蛋白，具有强化血管、肌肉和筋腱的功效。

1. 补肝明目——鸡肝

中医认为，鸡肝味甘苦、性温，具有补肝血、明目的功效，适宜肝虚目暗、视力下降、夜盲症、妇女产后贫血、肺结核及孕妇先兆流产等症患者食用。鸡肝养血明目，诸无所忌，但病鸡、变色的鸡肝不能食用。

2. 活血通络——鸡血

中医认为，鸡血味咸性平，有祛风解毒、活血通络、平肝养血的功效。《本草纲目》曰："热血服之，主小儿下血及惊风，解丹毒，安神定志。"临床上常用于目赤流泪、小儿惊风、痈疽疮解、口面歪斜等症。

3. 消食健胃——鸡肫

鸡肫是鸡的胃。中医认为，其味甘性微寒，归脾、胃、膀胱经，善治食积不消，脘腹胀满，呕吐泻痢，小儿疳疾发热。临床多用于治疗尿频、遗尿等症。鸡肫还有化石通淋、涩精收敛之功，常用于治疗遗精、尿血、便血、崩漏及尿路结石等症。

4. 补肾益气——鸡肠

中医认为，鸡肠味甘性平，能补肾气，可治疗肾气虚所致的遗精、白浊、尿频等症。

> **小贴士：鸡肉煮熟再享用**
>
> 鸡肉性温，每餐食用100克左右即可。若多食容易生热眩晕。有下列病症者不宜食用鸡肉：外感发热、热毒未清者；黄疸、痢疾、疳疾和疖疾患者；因肝火旺盛或肝阳上亢而头痛、头晕、目赤、烦燥、便秘者。鸡肉必须完全煮熟后才可食用，否则对人体有害无益。鸡尾部（即腔上囊）是淋巴最为集中的地方，也是存储病菌、病毒和致癌物的仓库，应丢弃不要。

教你选到称心鸡

活鸡的选购

选购活鸡时，首先将鸡翅膀提起，如果挣扎有力，双脚收起，鸣声长而响亮，有一定重量，表明鸡健康、活力强；如果挣扎无力，鸣声短促、嘶哑，脚伸而不收，肉薄身轻，则是病鸡。

散养鸡的选购

人们做鸡汤都爱用散养鸡（又称柴鸡、草鸡、土鸡，即农家养的鸡），识别时可以看脚爪：散养鸡的脚爪细而尖长，粗糙有力；而圈养鸡爪短、爪粗、圆而肉厚。

老鸡和嫩鸡的鉴别

不同年龄段的鸡在烹制及用途上也不相同。鸡一般分为三个年龄段：

隔年鸡，指存活 1 年以上的"多年鸡"（也称"老烧鸡"），即老鸡。隔年鸡的胸骨和嘴喙较硬，爪趾较长呈钩形，鸡冠和耳垂发白。

当年鸡，亦称"新鸡"，指生长期在 12 个月以内的鸡。这种鸡羽毛丰润紧密，双眼灵活有神，皮肉白净。用手轻按靠近尾部的胸骨末端发软，则说明是当年鸡。

童子鸡，即生长数月的小鸡，也就是俗话说"公鸡未开叫，母鸡未开窍（生蛋）"的仔鸡。

光鸡的选购

光鸡有鲜光鸡和冻光鸡之分。鲜光鸡的眼睛明亮饱满，形态完整，表皮颜色因品种不同而呈乳白、淡黄或乌黑色，有光泽且皮肉结合紧密，肉质弹性好，表面干湿度合适，不粘手，无异味。此外，在选购时还要注意是否是鸡死后再宰杀的。如果刀口不平整、放血良好，则是活鸡屠宰；刀口平整甚至无刀口，放血不好、有残血、血呈暗红色，则可认定是死后宰杀的鸡。质量好的冻光鸡眼球饱满或平坦，皮肤有光泽，呈淡黄、淡红、灰白等色，肌肉切面有光泽，指压后凹陷恢复慢，有鸡肉的正常气味。

手把手教你初加工

割喉放血：一手抓住鸡翼，用小指勾住一只鸡爪，大拇指和食指捏鸡颈，使其喉管突出，迅速切断喉管及颈部动脉。持刀的手放下刀，转抓住鸡头，捏鸡颈的手松开，让鸡血流出。

煺毛：鸡死后放入热水中烫毛，烫片刻后取出，拔净鸡毛。烫毛时应先烫鸡爪试水温。若鸡爪上的硬皮能轻易脱下，说明水温合适；若脱不下，则说明水温太低；鸡爪变形、硬皮难脱，则说明水温偏高。水温合适时再烫全身，烫毛水温一般可掌握在65~70℃。

开腹取内脏：在鸡颈背处切开一条3厘米长的小口，取出嗉囊、气管及食管。将鸡放在砧板上，鸡胸朝上，用手按压鸡腿，使鸡腹鼓起。用刀在鸡腹上纵向切出开口，掏出所有内脏及屁股边的肠头蒂，在鸡腿关节稍下一点处剁下双脚。

洗涤：将鸡全面冲洗干净即可。

要点：宰杀时要把血放净，否则肉中带血，影响肉体的色泽。鸡断气后，立即用65~70℃的热水烫，边烫边翻边拔毛。烫的时间过长会影响鸡肉鲜味。挖除内脏时，一定要将肺掏干净，否则鸡肉不易浸熟；屁股处一粒大如黄豆的肠头蒂一定要割去，避免带有异味。

提示：如感觉操作困难，不想自己宰杀鸡，可到市场购买宰杀好的，也可选购好活鸡，请卖鸡的师傅宰杀。

脱骨取肉最炫刀工

全鸡脱骨步骤详解

全鸡脱骨最能显示厨师刀工。葫芦鸡、荷包鸡、八宝鸡等造型优美的菜式都必须脱去全部鸡骨，保持完整鸡形，并在鸡的腹腔内填入相关原料。在节假日费点心思做道全鸡脱骨菜肴，供家人分享，也并非难事。

全鸡脱骨的详细步骤如下：

1. 首先在鸡的颈部开一个口，切断颈骨，再将颈皮慢慢翻转，使颈皮与颈骨分离，直至肩部。翻下颈皮，取出颈骨。

2. 在颈肩处划一刀口，连皮带肉慢慢下剥，用小刀将肉与筋骨剥离至两膀骨的关节露出后，将连接关节的筋割断，使翅膀骨与鸡腔骨脱离，抽出翅膀骨。

3. 鸡胸朝上，用力按压隆起的鸡胸部，继续将鸡肉向下翻剥，随时用小刀割断与肉相连的筋膜。背皮紧贴背脊骨，用小刀轻轻割离皮肉，再行翻剥。

4. 翻剥至腿部时，鸡胸朝上，两手将鸡腿向背部翻，使大腿关节露出，用刀顺着腿与腔骨的骨缝将筋割断，继续翻剥。

5. 翻剥至屁股时，将尾尖骨割断（注意，鸡尾仍连在鸡肉上），使鸡肉脱离腔骨，再割断大肠，洗净后翻出鸡腿，将鸡腿上的皮拉到腿部使腿露出，剔骨后再将鸡皮翻转朝外，骨骼脱出，鸡貌仍留。

整鸡取肉，三步完成

1. 用刀尖在鸡脊背处从脖颈下划一刀至尾部，翻转过来让鸡腹朝上，左手握腿，在大腿弯处划开皮肉，切至大腿骨的接合处，将腿部的刀口向背部反折，使腿骨脱臼，用刀割断脱臼处的筋。用刀压住鸡身，左手用力扯下大腿，腹背上的一层肉也随大腿肉被扯下。用同样的方法扯下另一只腿。

2. 鸡背朝上，用刀划开左翅根部至胸骨的接合处并切断筋，用刀压住鸡身扯下左翅，同时扯下与之相连的鸡胸肉。用同样的方法扯下另一只翅膀。从鸡胸处剔下鸡小脯肉。

3. 在扯下的大腿弯里侧沿腿骨划开一条缝，并将缝口割开。再用刀轻剁腿骨关节，使骨节脱开。左手拿住小腿骨，右手用刀刃压住脱开的骨头，左手向左一拉，使大腿骨分离出来。再在小腿骨关节轻剁一刀，使鸡爪骨与小腿骨脱离。用同样的方法处理另一只腿。

鸡腿去骨，三刀即可

1. 一只手握住鸡腿的粗端，另一只手执刀从鸡腿的细端下刀，转圈切割至露出白筋和骨头。

2. 将鸡腿粗端朝内、细端朝外竖放于砧板上，用直刀对准中间的骨头划下，直至露出竖直的骨头为止，尽量一刀切下。

3. 用手扒开刀口两侧的肉，并使细端的肉脱离骨头。然后一只手拿住骨头，一只手执刀把粗端的肉从骨头上刮下，至此骨肉全部分离。

鸡腿去筋妙招

1. 一只手握住鸡腿的粗端，另一只手握刀从鸡腿的细端顺骨切开 1 厘米长的刀口至能看到白筋为止。要注意，千万不要把白筋切断。

2. 将刀尖插入白筋下挑起至能伸进手指。将另一只手食指伸进去勾住鸡筋。一只手压住鸡腿，食指用力向上即可拽出鸡筋。

烹鸡的 7 个小技巧

技巧 1　炖鸡时皮不破裂的技巧

炖全鸡时，外形要保持完整而鸡皮不破裂，首先要用大针在鸡身上均匀扎孔，然后炖鸡时要盖上锅盖，炖制时也不能用旺火。这样，由于传热和蒸汽散发均匀，鸡皮就会显得光滑好看。

技巧 2　老母鸡熬汤味更鲜

熬汤时一定要选用老母鸡。老母鸡鲜味足，经加热后约有 2% 的含氮浸出物，如肌凝蛋白、嘌呤化合物等析出。此外，老母鸡还含有丰富的脂肪、无机盐、维生素和多种氨基酸等，经过小火长时间煮制，可使浓厚的鲜味物质慢慢溶于汤中，使汤的味道格外鲜浓醇正。熬汤时老母鸡必须同凉水一起入锅加热，这样随着水温不断升高，可将老母鸡体内的鲜香物质充分溶出。

技巧 3　煮鸡汤时不可先放盐

盐会使蛋白质凝固，不易吸收，并影响各种养分溶于汤中。应在鸡汤已煮好稍凉后再加盐食用。

技巧 4　巧炸鸡肉

冷冻炸鸡法　将切好的鸡肉加入盐、料酒、蛋清和干淀粉拌匀，覆盖上保鲜膜，放入冰箱冷藏约半小时，取出后再炸，鸡肉鲜嫩可口。

奶粉挂糊法　炸鸡时，将腌制后的鸡肉挂上一层奶粉糊，炸出的鸡色香味俱佳。

技巧 5　炸鸡一定要先挖去鸡眼

炸鸡时，鸡的眼睛遇高温油会爆裂，所以在下锅前应先挖去鸡的眼睛，避免溅油伤人。

技巧 6　巧去鸡肉腥味

啤酒去腥法　将洗净的鸡放入加有盐和胡椒的啤酒中浸泡 1 小时，即可去除腥味。

牛奶去腥法　将鸡全身用牛奶涂抹一遍，再放入加有料酒和洋葱的清水中浸泡片刻，也可去除腥味。

凉水汆烫法　将鸡放入加有料酒的凉水锅内，上火煮沸，续煮2~3分钟，捞出漂洗去除污沫，鸡肉香而无腥味。

技巧 7　温水泡鸡爪颜色更白

用 30℃的温水浸泡鸡爪，再多次漂洗，可以让鸡爪更白，颜色更好看。若用凉水，鸡爪毛囊会紧缩，阻止血水流出；如果水温超过 50℃，容易烫坏鸡爪。

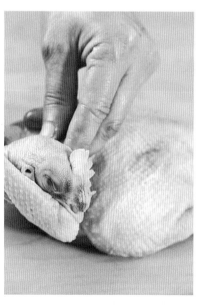

第二篇

经典鸡肉肴

盛装亮相

鸡肉名肴名扬四海，色香味俱全，背后的典故同样耐人寻味。本篇介绍了十余道经典传统鸡肉佳肴，让您边品尝美味边了解菜肴背后有趣的小故事。

贵妃鸡翅

色泽金黄发亮，质地柔滑软烂，回味有葡萄酒的余香。

　　贵妃鸡翅是一道以四大美女之一的杨贵妃命名的宫廷传统名菜。它是一款以鸡翅为主料，以葡萄酒为主要调料烹制而成的菜肴。关于此菜的来历，有这样一个传说。某日，唐玄宗与杨贵妃在百花亭饮酒取乐。杨贵妃烂醉如泥，突然撒娇道："我要飞上天！"唐玄宗以为自己的宠姬要吃"飞上天"，于是便传令御厨立即做一道"飞上天"的菜献上来。这个菜名急得御厨们团团转，不知该怎么制作。大家正在为难之际，有一位御厨急中生智，说道："把鸡翅膀焖煮熟烂，这不就是'飞上天'吗？"众人听着有理，便一同做起来。待成菜后献上，果然色香味形俱佳。此刻杨贵妃酒醉已醒，对"飞上天"连声称赞。由于此菜色美、肉嫩、味香，贵妃极爱吃，又因成菜色泽红亮，具有贵妃醉酒的神韵，"飞"谐音"妃"，于是就有了"贵妃鸡翅"的美名。

原料：鸡翅8个，生姜5片，大葱3段

调料：红葡萄酒 1/2 杯，料酒 1 大勺，八角 2 颗，白糖 2 小勺，酱油 2 小勺，盐 1 小勺，水淀粉 2 小勺，色拉油 2 大勺

制作方法：

1. 将鸡翅上的残毛污物刮洗干净，晾干水分，用刀顺长在鸡翅上划两刀。

2. 坐锅点火，倒入色拉油烧热，下入八角炸香，☞①倒入鸡翅煸炒干水汽。

3. ☞②加入姜片、葱段、盐、白糖、料酒和酱油炒匀，再加水没过鸡翅。

4. ☞③用中火烧 15 分钟，再加入红葡萄酒焖 5 分钟。

5. 勾水淀粉，出锅装盘即成。

下厨心语

① 鸡翅必须用热油炒干水汽，再下入调料炒匀。

② 调味时白糖的用量以成菜有甜味即可。

③ 一定要在鸡翅快熟的时候加入红葡萄酒，过早加入成菜酒香味不浓。

大盘鸡

色泽红亮油润，麻辣味十足，香味浓郁。

　　大盘鸡作为一道新疆名菜其美名已经传遍了全国各地，也成了一道颇受欢迎的大众化菜肴。可是谁也想不到，它的创制者竟是新疆沙湾县城一个毫不起眼的饭店小老板。

　　沙湾县城地处北疆312国道旁。20世纪80年代，北疆铁路竣工并在阿拉山口与哈萨克斯坦境内的铁路接轨。欧亚大陆桥的开通给312国道带来了勃勃生机，公路上车水马龙，行人旅客逐渐增多。沙湾县城也随之成了繁忙的交通中转站，做买卖的、跑运输的人来来往往，十分热闹。于是，一批小饭店便应运而生。其中一家小饭店老板抓住时机，率先在312国道旁推出了"大盘鸡"。招牌一打出，便立即引起过往行人的好奇。奇就奇在"大盘"二字上，于是人们纷纷而来，小店的生意顿时红火起来。因为大盘鸡适应了人们快节奏的生活需要，加之选料精、味道好、经济实惠，故很受顾客喜爱。于是一传十，十传百，大盘鸡便沿着312国道流传开来，大大小小的饭店纷纷打出"大盘鸡"的招牌，大盘鸡顿时风靡全疆乃至全国。

原料：净三黄鸡1只，土豆250克，面粉100克，青椒、红椒各50克，大葱5段，生姜5片，
　　　大蒜6瓣，蒜末1大勺
调料：红油2大勺，泡椒25克，干朝天椒10克，桂皮1小块，花椒数粒，八角2颗，草果2个，
　　　糖色1大勺，盐2小勺，花椒粉1小勺，色拉油4大勺

制作方法：

1. 净三黄鸡剁成3厘米见方的块，🐷①汆烫
   后沥干水分。

2. 土豆洗净去皮，切成滚刀块；青椒、红椒
   洗净，切成三角块。

3. 面粉放入盆内，加入1/4杯清水和成面团，
   盖上湿布醒1小时。

4. 坐锅点火，倒入色拉油烧热，下入葱段、
   姜片、蒜瓣、桂皮、花椒、八角和草果炸香，
   🐷②倒入鸡块、泡椒和干朝天椒炒香出色，
   加入糖色炒匀。

5. 加入适量开水炖5分钟，再放入土豆块，
   调入盐和花椒粉，续炖至土豆软熟，加入
   红油，青椒、红椒块和蒜末略炖，关火。

6. 与此同时，将醒好的面团搓成圆条，按扁，
   拉成拇指宽的皮带面。

7. 将皮带面放入沸水锅内煮熟，🐷③捞出放入
   凉水中浸泡。

8. 皮带面铺在盘中垫底，再盛上炖好的鸡块
   即成。

下厨心语

① 鸡块必须汆烫，用热油炒透后再加水炖制。
② 成菜要突出香辣麻红的特点。
③ 煮熟的皮带面要放入凉水中浸泡后口感才筋道。

德州扒鸡

造型美观，五香脱骨，酥嫩鲜醇。

　　德州扒鸡造型两腿盘起，爪入鸡膛，双翅经脖颈由嘴中交叉而出。全鸡呈卧状，远远望去似鸭凫水，口衔羽翎，十分美观，是上等的美食艺术珍品。据传此菜的来历还有一个小故事。

　　康熙三十一年（公元 1692 年），在德州城西门外大街开有一家烧鸡铺，店主叫贾建才，有着一手制作烧鸡的好手艺。因这条街通往运河码头，小买卖还不错，雇了小伙计。有一天，贾掌柜有急事外出，就嘱咐小伙计看好火。哪知道贾掌柜前脚刚走，小伙计就在锅灶前睡着了，一觉醒来发现烧鸡煮过头了。正在束手无策时，贾掌柜回来了，只好试着将鸡捞出来拿到店面上去卖，没想到却是鸡香诱人，竟吸引了很多过路行人纷纷购买。事后，贾掌柜潜心研究，改进技艺，使自己做的烧鸡更香。老主顾们为区别其他烧鸡，建议更名为运河鸡或德州香鸡。马家溜口街马秀才品尝后，清香满口，边品边吟道："热中一抖骨肉分，异香扑鼻竟袭人。惹得老夫伸五指，入口齿馨长留津。"诗成吟罢，脱口而出："好一个五香脱骨扒鸡呀！"五香脱骨鸡由此得名。

原料：活肥鸡1只，饴糖1大勺半，生姜20克

调料：十三香料1小包，酱油1大勺，盐2/3大勺，色拉油2杯

制作方法：

1.活肥鸡宰杀褪毛，取出内脏，清水洗净。将鸡的双翅交叉自脖下刀口插入，使翅尖由嘴内侧伸出，别在鸡背上；将鸡的右翅也别在鸡背上。

2.再将腿骨用刀背轻轻砸断并交叉，将两爪塞入鸡腹内，晾干水分。

3.饴糖放入碗内，加入1大勺温水调匀，均匀地抹在鸡身上，①晾至半干。

4.锅内倒入色拉油，烧至七成热，放入肥鸡炸成枣红色，捞出沥干油分。

5.汤锅内加入适量清水煮沸，放入炸好的肥鸡、十三香料包、生姜、盐和酱油，旺火煮沸，撇去浮沫。

6.转小火焖煮2小时至鸡肉酥烂，②出锅即成。

下厨心语

① 鸡身抹上饴糖后要先晾至半干，再油炸。

② 出锅时注意保持鸡皮不破，整鸡不碎。

香酥鸡

外酥脆，内软烂，色金红，味浓香。

　　鲁菜中有一款鼎鼎大名的炸菜，叫作"香酥鸡"。时至今日，还是很多婚宴上的必点之菜。香酥鸡经济实惠又好吃，一直深受胶东半岛人民的喜爱。这道外酥里嫩的佳肴不知吸引了多少名人前来尝鲜。

原料：净光鸡 1 只，面粉 25 克，姜片 10 克，葱结 10 克

调料：炖鸡料 1 包，干淀粉 2 大勺，糖色 1 大勺，盐 2 小勺，花椒盐 1 小勺，色拉油 2 杯

制作方法：

1. 将光鸡切去屁股，汆烫后放入沸水锅内，加入姜片、葱结和炖鸡料包，并调入糖色和 1/3 小勺盐，👨‍🍳①以小火卤 2 小时至酥烂，捞出沥干。

2. 面粉和干淀粉放入玻璃碗内，加入剩余盐和清水调匀成稀稠适当的糊，再倒入色拉油调匀成酥糊。

3. 坐锅点火，👨‍🍳②倒入剩余色拉油烧至六成热，👨‍🍳③将卤好的光鸡挂匀酥糊，放入油锅内炸至定型。

4. 用漏勺托住鸡身，浸炸至金红酥脆，捞出沥干油分。

5. 将鸡剁成块状，按原形整齐地装在盘中。

6. 撒花椒盐即成。

下厨心语

① 卤制的鸡要酥烂而不失其形。

② 开始油炸的温度不宜过高，否则成菜色泽发暗不亮。

③ 光鸡挂糊不宜过厚，否则改刀时易脱皮，失去酥脆的口感。

道口烧鸡

酥香软烂，咸淡适口，肥而不腻。

　　道口烧鸡是河南著名的风味菜肴之一，由滑县道口镇义兴张烧鸡店首创于清代顺治年间，至今已有 300 多年的历史。

　　在乾隆五十二年（公元 1787 年），制作道口烧鸡的张炳在道口镇开了个小烧鸡店。由于制作不得法，生意萧条。有一天，一位做过御厨的老朋友刘义来访，两人久别重逢，对饮畅谈，张炳向他求教，刘义便告诉他一个秘方"要想烧鸡香，八料加老汤"，并将具体制法告诉了张炳。张炳如法炮制，做出的烧鸡果然香气四溢，于是生意逐渐兴隆。自此以后，道口烧鸡便一代一代传了下来。

原料：活土鸡1只，鲜姜25克

调料：香料包（肉桂、陈皮各5克，白芷3克，砂仁、豆蔻各2个，草果1个，丁香1克）1个，盐2大勺，糖色1大勺，蜂蜜2小勺，色拉油2杯

制作方法：

1. 将活土鸡宰杀洗净，切去屁股，将两翅别好，翅尖从放血口处插入，从鸡嘴中穿出，用牙签固定。

2. 用刀在鸡腿内侧分别切一道10厘米长的刀口，再在鸡胸后面的皮上切一道2厘米长的刀口。

3. 用一根15厘米长的竹竿撑入鸡腹腔，绷直鸡身。

4. 再将鸡腿交叉放入体内，并使露出的腿骨插入鸡胸表皮的切口，<u>至此，完成鸡的造型。</u>

5. 将蜂蜜和1大勺清水调匀成蜂蜜水，均匀地涂抹在鸡表面，<u>晾至半干。</u>

6. 将鸡放入烧至七成热的色拉油锅内炸成金黄色，捞出沥干油分。

7. 汤锅内加入清水，放入香料包、盐、鲜姜和炸好的鸡，调入糖色，以大火煮沸。

8. 转微火煮3小时至鸡肉酥烂入味，捞出沥干汤汁即成。

下厨心语

① 造型优美是道口烧鸡的特征之一，所以给鸡制作造型时工序不能错，使其呈优美的元宝状。

② 鸡抹上蜂蜜后要晾至半干再油炸。若晾得太干，会炸破鸡皮。

开封桶子鸡

色泽红润油亮，鸡肉酥嫩鲜香，并有荷叶清香。

这道菜是开封食肆中一款南北驰名、别具风格的菜肴。走进开封的大街小巷，随处可见销售桶子鸡的食摊或店铺，即使是星级酒店也有这道菜。首创这款名菜的，是马豫兴桶子鸡店。

马豫兴桶子鸡店开业至今已有 100 多年的历史。相传，创始人马永岭于清咸丰五年（公元 1855 年）由南京重返故里开封，带回了一桶陈年老汤。他选用当年生、肉质细嫩、胸脯挂油、形态美观的仔母鸡，佐以五香调料，并别出心裁地加入荷叶，用陈年老汤烹制出了桶子鸡。此菜以色泽红润油亮、鸡肉酥嫩鲜香的风味特色受到了当地食客的欢迎。由于当时煮鸡用的是下铁上木的桶形锅，所以得名桶子鸡。

清光绪年间，文人商贾纷纷以桶子鸡作为拜见巡抚大人的礼品，越发提高了马豫兴桶子鸡的知名度。现在制作桶子鸡的调料比传统制法略有增加，其味道更符合现代人的口味需求。

原料：净三黄鸡1只，①芹菜碎、胡萝卜碎、洋葱碎各25克，葱片10克，姜片10克，鲜荷叶适量

调料：香料包（内装花椒20粒，高良姜3克，白芷2克，肉桂2克，八角3颗，砂仁2个，豆蔻1个，草果1个，丁香6个）1个，老卤汤2杯，盐2小勺，②酱油2小勺，色拉油3杯

制作方法：

1. 将净土鸡的残毛洗净，擦干水分，将左翅膀从鸡嘴中穿出，与鸡脖子别好。

2. 将鸡的双腿腿骨敲断，交叉插入腹内呈椭圆形，放入盆内，加入芹菜碎、胡萝卜碎、洋葱碎、葱片、姜片、1小勺盐和1/2小勺酱油，用手充分搓匀，腌制半小时。

3. 坐锅点火，倒入色拉油烧至七成热，放入腌好的鸡炸至表皮呈深红色后捞出沥干油分。

4. 用洗净的鲜荷叶包好炸好的鸡，再用细绳捆好。

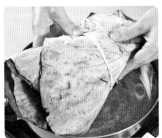

5. 不锈钢汤锅上火，加入老汤和适量开水，调入剩余酱油和盐，再放入香料包和包好的鸡，用小火卤1小时至软烂入味。

6. 离火浸泡半天，捞出即成。

下厨心语

① 用芹菜等蔬菜腌制鸡肉，既可以使鸡融合蔬菜的清香，又增加了营养价值。

② 加入酱油，油炸时更易上色，但用量切忌过多，以免油炸后鸡肉发黑。

口水鸡

色泽红亮，皮滑肉嫩，麻辣适口。

　　口水鸡是四川地区一道著名的凉菜，味感丰富，集麻辣、鲜香、嫩爽特色于一身。在 20 世纪 80 年代中期的重庆餐饮市场，口水鸡可以说是出尽了风头。有人撰联赞美，上联是"名驰巴蜀三千里"，下联是"味压江南十二州"，横批"口水鸡香"。"口水鸡"这名字乍听有点不雅，但吃过的人都有这样的体会：一听到"口水鸡"的名字，就会想起那种酸辣麻香的味道，不禁口里生津。

　　口水鸡的创始人名叫刘兴，早年受过高等教育，对饮食之道的研究颇有造诣，是一位美食家兼烹调好手，特别爱好麻辣鸡。有一次家里来了客人，刘先生在拌麻辣鸡时多加了白糖、醋、熟芝麻、花生碎和葱花，感觉味道格外香鲜适口，客人吃后无不叫好，称这种鸡块的味道打遍天下无敌手，如果进入市场，定使其他菜肴黯然失色。说者无心，听者有意，1985 年，刘兴在重庆的一条街上开了一家小饭店，专卖这种麻辣鸡块。鸡块上市了总得有个名字，刘兴暗自思索，这种鸡虽然是从麻辣鸡演变而来，但比麻辣鸡更刺激、更鲜香，于是，他根据郭沫若先生名著《睇波曲》中的"少年时代在故乡四川吃的白砍鸡，白生生的肉块，红殷殷的油辣子海椒，现在想来还口水长流……"这段话的意境，为鸡块取名为"口水鸡"。

原料：三黄鸡 1/2 只，香菜 5 克，油炸花生碎 1 小勺，熟芝麻 1 小勺，大葱 2 段，生姜 3 片，
　　　蒜末 1 小勺，姜末 1 小勺，冰块适量
调料：辣椒粉、芝麻酱、醋、料酒各 1 大勺，豆豉 2 小勺，白糖 1 小勺，花椒粉 1 小勺，生抽
　　　1 小勺，八角 2 颗，桂皮 1 小块，草果 1 个，色拉油 1/4 杯

制作方法：

1. 将净三黄鸡放入锅内，倒入凉水没过鸡身。

2. 放入料酒、一半的葱段和姜片，🍳①水沸后以大火煮 10 分钟，关火焖 10 分钟。

3. 🍳②将鸡捞出，放入装有冰块和适量凉白开水的深盆内浸泡 5~10 分钟，捞出沥干，切成整齐的块状。

4. 辣椒粉放入碗内，倒入 1 大勺色拉油拌匀。

5. 锅内放入剩余色拉油上火，加入八角、桂皮、草果、香菜以及剩余葱段和姜片，以小火慢慢炸香。

6. 过滤去渣，将热油冲入辣椒粉中，搅匀静置，即得红油。

7. 芝麻酱放入小碗内加醋调匀，再加入生抽、豆豉、花椒粉、白糖、蒜末、姜末、油炸花生碎、熟芝麻和红油调匀成味汁。

8. 将味汁淋在鸡块上即成。

下厨心语

① 煮鸡是全部过程的重点。鸡不能煮得太久，刚熟即可。

② 用冰水冰镇熟鸡，成菜口感更爽滑，一定要将鸡身完全浸泡在水中。也可以将熟鸡放入冰箱冷冻。注意不要冷冻过度，否则就前功尽弃了。

宫保鸡丁

油汁红亮，鸡丁鲜嫩，煳辣味浓香，味咸鲜回甜。

　　宫保鸡丁是四川的传统名菜，作为最具中国文化味道的美食之一，现已风靡全球，在欧美一些国家知名度非常高。

　　宫保鸡丁已有 100 多年的历史，传说它的来历与四川总督丁宝桢有关。丁宝桢是清咸丰年间进士，原籍贵州，曾任山东巡抚。他很喜欢吃辣椒、猪肉和鸡肉爆炒的菜肴，据说在山东任职时，他就命家厨制作"酱爆鸡丁"等菜，很合胃口，但那时此菜还未出名。调任四川总督后，每遇宴客，丁宝桢都让家厨用花生米、干辣椒和鸡肉炒制鸡丁，肉嫩味美，很受客人欢迎。后来，丁宝桢由于戍边御敌有功，被朝廷封为"太子少保"，人称"丁宫保"，其家厨烹制的炒鸡丁也被称为"宫保鸡丁"。

　　还有一种说法是丁宝桢在四川时经常微服私访，有次在一家小店用餐时，吃到用花生米炒的辣子鸡丁，发觉其味甚美，随即叫家厨仿制，家厨以"宫保鸡丁"为之命名。还有传说是丁宝桢到四川后大兴水利，百姓甚是感激，献上其喜食的炒鸡丁，名曰"宫保鸡丁"。不管传说是怎样的，宫保鸡丁确实是一道远近闻名的鸡肉名肴。

原料：鸡胸肉 200 克，油炸去皮花生米 100 克，青笋丁 50 克，🐷①葱白节 30 克，蒜片 5 克

调料：🐷②干辣椒节 30 克，水淀粉 5 小勺，白糖 2/3 大勺，红油 1/2 大勺，料酒 2 小勺，酱油
    2 小勺，醋 1 小勺，盐 1 小勺，鲜汤 1/4 杯，色拉油 1/2 杯

制作方法：

1. 将鸡胸肉拍松，切成 2 厘米
见方的丁。

2. 放入碗内，🐷③加入 3/5 小
勺盐、1 小勺酱油、2 小勺水
淀粉和料酒抓匀上浆。

3. 🐷④将白糖、醋以及剩余酱
油、盐、水淀粉和全部的鲜汤
在碗内调成味汁。

4. 坐锅点火，倒入色拉油烧至
四成热，放入上浆的鸡丁滑散
至断生，倒出沥干油分。

5. 锅内留 1 大勺底油烧热，放
入葱白节、蒜片和干辣椒节炸
成虎皮色，下入青笋丁略炒，
倒入鸡丁和味汁翻炒均匀。

6. 🐷⑤加入油炸去皮花生米，
淋红油，翻匀装盘即成。

① 葱白以直径 0.8 厘米粗的为最佳。

② 必须选用干辣椒，不能用泡椒或郫县豆瓣酱代替。干辣椒不能切得太碎，
    应切成小节，用温油炸至似煳非煳，才能凸显煳辣味。

③ 鸡丁上浆宜厚，味汁用芡宜薄，保证质地脆嫩，色泽光亮。

④ 勾兑味汁时加入鲜汤是提味增鲜的关键。调味汁时需掌握好糖醋的比例，
    使其呈甜重酸轻的荔枝味。

⑤ 油炸花生米是必有的配料，需用热水泡涨后炸至酥脆，这样容易去皮。

重庆名菜

辣子鸡

色泽棕红，麻辣酥香，鲜嫩化渣，回味悠长。

　　辣子鸡是一道重庆经典菜肴，它起源于重庆沙坪坝区歌乐山镇三百梯一家叫林中乐的路边小店。此菜用料特别讲究，主料选用家养仔公鸡，现杀现烹，以保持鲜嫩肥美，调料以干辣椒和大红袍花椒为主，突出麻辣味。做法也很考验厨师的功力，尤其是对火候的把握。上乘的辣子鸡必须色泽鲜艳，与辣椒交相辉映，不能发黑。鸡块必须入口酥脆，带有干辣椒过油的清香，甜咸适口。辣子鸡用大盘盛装，辣椒多于鸡肉，在一大盘辣椒和花椒里找鸡肉吃既是食客的乐趣之一，也是此菜的突出特点。由于辣子鸡很受食客欢迎，以传统川菜和高级宴席为主的老牌餐馆和星级宾馆也不得不在顾客的要求下，引进这道在街边食摊上经营的菜肴，将其经过包装后呈现在自己的菜单上。20 世纪 90 年代开始，辣子鸡逐渐风行祖国大江南北，并且催生出了一大批辣子系列菜。

原料：🐶①净仔公鸡1只（重约750克），生姜50克，葱白25克

调料：干辣椒200克，花椒3大勺，红辣椒油1大勺，料酒1大勺，盐1小勺，色拉油2杯

制作方法：

1. 将净仔公鸡连骨切成2厘米见方的小块，放入碗内，🐶②加入1/2大勺料酒和4/5小勺盐拌匀，腌制25分钟。

2. 生姜切片；葱白斜刀切成马耳形；干辣椒横切成短节。

3. 坐锅点火，倒入色拉油烧至六成热，🐶③放入鸡块炸至微干，倒出沥干油分。

4. 原锅留1/3杯底油，重上火位，🐶④下入干辣椒节炸至呈棕红色，续下花椒、姜片和鸡块翻炒，烹剩余料酒，加入剩余盐和马耳葱略炒几下。

5. 淋红辣椒油，炒匀起锅装盘即成。

① 此菜不可选用肉鸡。

② 鸡肉要放足盐腌制入味，如炸制后再加盐，外层会被热油锁住，炒制时难以入味。

③ 鸡块用热油炸可锁紧鸡肉外层，保持肉质鲜嫩多汁。想让鸡块咸鲜、焦香或口味更重，就要用更多的热油煎炒鸡块，直至鸡块呈焦黄色。

④ 辣椒和花椒可按个人口味添加，为体现此菜特色，最好能用辣椒将鸡块全部盖住。

绍兴醉鸡

鸡肉鲜嫩，酒香四溢。

　　传说在很久以前，在浙江绍兴的一个小村庄里有一户人家有兄弟三人。三兄弟互敬互爱，过着和睦的日子。后来，三兄弟陆续结婚，老大、老二娶的都是带来了不少嫁妆的富家姑娘，但这两个媳妇都比较懒惰；老三娶了个穷人家的姑娘，虽无嫁妆，可是心灵手巧，十分能干。大哥、二哥看在眼里，有心叫她当家理财，但又担心自己的媳妇有意见。后来，三位兄弟想出一个办法：让三位妯娌比赛，各做一道菜肴，谁做的好吃就让谁当家。条件是每人一只鸡，但不准加油，不准用其他菜来配。三位妯娌也同意了。

　　两天后的中午，三位妯娌同时拿出自己做好的鸡，让大家品尝。老大媳妇端上桌的是一锅清炖鸡，老二媳妇做的是白斩鸡，老三媳妇上了一盘用绍兴酒泡的醉鸡。三兄弟吃后评价说，清炖鸡汤清鲜，但鸡肉有些发柴；白切鸡虽嚼之有味但略嫌清淡；唯有醉鸡又鲜又嫩，满口生香。老大和老二媳妇也忍不住一人夹了一块鸡肉放在嘴里，果然酒香扑鼻，别有一番风味，两位嫂嫂也心悦诚服。从此，三媳妇就当了家，她做的醉鸡也在邻里间传开了。

原料：🐔①柴鸡腿 2 个，枸杞 2 小勺

调料：绍兴黄酒 2 杯，盐 2 小勺，当归 1 小勺，白糖 1/2 小勺，冷鸡汤 2 杯

制作方法：

1. 柴鸡腿剔除大骨，用刀将肉拍松，加入 1/3 小勺盐和 2 小勺绍兴黄酒腌制 15 分钟。

2. 将腌制入味的鸡腿卷成圆筒状，先用纱布包紧，再用棉线扎起，放入沸水锅内。

3. 用微火煮 25 分钟，关火浸泡 5 分钟，🐔②捞出放入冰水中浸凉，沥干汁水。

4. 解开棉线和纱布。

5. 🐔③将冷鸡汤和剩余绍兴黄酒倒入碗内，加入剩余盐以及白糖、当归和枸杞调匀成醉汁。

6. 将醉汁倒入大碗，放入鸡腿肉，然后将大碗放入冰箱，1 天后取出。鸡腿肉切片，装盘后淋少量汤汁即成。

① 肉鸡肉质松软，最好不要使用。应选择土鸡或山鸡的鸡腿肉，不要使用鸡胸肉。

② 鸡腿必须凉透后再放入味汁中浸泡，否则汤汁会结冻。

③ 调味汁时一定要选用清澈透亮的冷鸡汤。如果喜欢酒味，可多加些绍兴黄酒。当归起增香作用，枸杞起增色效果，两者均不宜多用。

东安仔鸡

色泽素雅，鸡肉香嫩，酸辣味浓。

东安仔鸡原名醋鸡，是湖南的一道传统名菜。据传，唐玄宗开元年间，湖南东安县城有一家小饭店，一天晚上来了几位商客，要求做几道鲜美的菜肴。当时店里的菜已卖完，店家便捉来两只活鸡宰杀烹制，送上餐桌时，香气扑鼻，鲜嫩可口，客人们吃得津津有味，非常满意。后经客人到处宣传，这道菜逐渐出了名，成为一道著名的潇湘风味佳肴。

这醋鸡改名为东安仔鸡，据说还是唐生智的功劳。当年国民革命军第八军军长唐生智于北伐战争胜利后，在南京设宴款待宾客，席间上了一道醋鸡，色泽素雅、质朴清新、酸辣鲜嫩，客人食之赞不绝口。当客人问及菜名时，唐生智觉得原名不雅，因为湖南话中"醋"与"臭"谐音，于是他灵机一动，回答说："这是家乡风味东安仔鸡。"从此，东安仔鸡便名气日盛，流传四方。

原料：仔鸡1只，葱头25克，生姜25克，青椒、红椒各20克，蒜瓣20克

调料：干辣椒10克，料酒1大勺，米醋1大勺，盐1小勺，水淀粉1/2大勺，辣椒油2小勺，
色拉油2大勺

制作方法：

1.将仔鸡宰杀洗净，☞①放入汤锅内煮至七成熟，捞出晾凉。

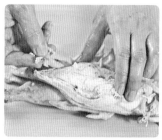

2.剁掉仔鸡的头颈和脚爪，从脊背切开去骨，☞②取肉顺纹理切成长条。

3.青椒、红椒和葱头分别切条；干辣椒切短节；生姜切丝；蒜瓣切末。

4.坐锅点火，倒入色拉油烧热，放入姜丝、蒜末、干辣椒节和鸡柳一同煸炒出香，烹料酒，☞③加入米醋、盐和少量水焖制入味。

5.加入青椒、红椒和葱头略烧，用水淀粉勾薄芡。

6.淋辣椒油，翻匀装盘即成。

下厨心语

① 煮制时间不能过长，以插入筷子拔出不冒血水为好。

② 切鸡柳时一定要顺着肉纹切。

③ 一定要放醋，最好使用米醋。

三杯鸡

原汁原味，香而不腻，肉质细嫩，风味独特。

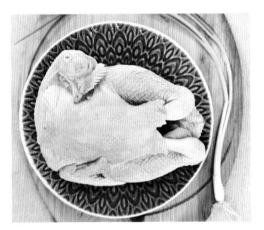

　　三杯鸡是江西特色菜肴，因烹调时加入米酒、猪油和酱油各一小杯，不放汤水，用炭火将鸡块炖熟而得名。它的来源据说与民族英雄文天祥有关。在文天祥被俘后，广大人民群众十分悲痛。一天，一位老婆婆听说文天祥明日就要被斩首，就把家中的老母鸡宰杀剁块，用家中仅有的酱油、米酒和一小块猪油烧熟成一道菜，并提着一壶酒去狱中看望。老婆婆见到文天祥，哭泣着将鸡和酒端到他的面前。文丞相饮酒食鸡，心怀亡国之恨，慷慨悲歌。第二天，文天祥视死如归，英勇就义。这一天是十二月初九。后来，每逢这一天，老婆婆必用这道菜祭奠文天祥。因此菜味美，便在江西一带流传开来，并被地方官吏用于进贡朝廷，成了御宴中的一款佳肴。

　　传统的三杯鸡吃起来口感比较油腻。当代厨师在继承传统三杯鸡做法的基础上，大胆改良，创制出了适合现代人口味的三杯鸡。

原料：🐻①净三黄鸡1只，大蒜6瓣，大葱3段，生姜3片

调料：🐻②米酒、🐻③酱油、冰糖各1杯，色拉油1大勺

制作方法：

1. 将净三黄鸡剁成2厘米见方的块，同凉水一同入锅上火，大火煮沸后续煮2分钟，捞出沥干水分。

2. 坐锅点火，倒入色拉油烧热，放入葱段、姜片和蒜瓣炒香，倒入鸡块煸炒至透亮。

3. 加入米酒、酱油和冰糖，大火煮沸。

4. 转小火烧25分钟至软烂，🐻④出锅装入盘内，即成。

① 三黄鸡的肉比较鲜嫩，制熟时间短，口感好。

② 必须使用米酒，不能用料酒代替。因为米酒的浓度较高，用它做菜比较鲜香。

③ 要想成菜色泽红亮，不要单用生抽或老抽。要用三份生抽和一份老抽兑成酱油，成菜色泽才不会发黑。

④ 做此菜在氽烫之后千万不要再放水，以保证成菜的原汁原味。

三七汽锅鸡

原汁原味，鸡肉肥而不腻，鸡汤色香浓郁。

　　汽锅鸡是云南特有的的风味名菜。汽锅鸡的制作工艺特殊，制法精细，别具一格，历来深受食客喜爱。据说在清代乾隆年间，乾隆到现在的建水县巡视，知府令当地厨师为皇上献上一道佳肴，即汽锅鸡，乾隆品尝后赞不绝口。后来人们又在汽锅鸡中配加云南特产的名贵药材三七，使鸡汤更加味美鲜甜，既增加了营养和食疗价值，又别具风味，充分发挥了汽锅菜营养丰富、滋补强身的优点。此后，三七汽锅鸡逐渐成为云南独特的高级滋补名菜。

原料：鲜嫩鸡1只，口蘑5朵，水发竹荪50克，大葱3段，生姜4片

调料：盐2小勺，三七粉1小勺，胡椒粉1小勺

制作方法：

1. 将净嫩鸡剁成3厘米见方的块，🐾① 放入清水中浸泡10分钟，🐾② 再放入凉水锅内上火，煮沸后续煮2分钟，捞出沥干水分。

2. 口蘑洗净，切成厚片。

3. 取一个净汽锅，装入鸡块、口蘑、竹荪、葱段和姜片，🐾③ 倒入氽鸡原汤，加入三七粉、盐和胡椒粉，蒸40分钟。

4. 拣去葱段和姜片，盖上锅盖上桌即成。

① 鸡块剁好后要再次清洗和浸泡。

② 鸡块下入凉水锅内氽烫，容易去除腥味和血污。

③ 氽鸡原汤必须撇净污沫。

东江盐焗鸡

色泽黄亮，盐香味浓，诱人食欲。

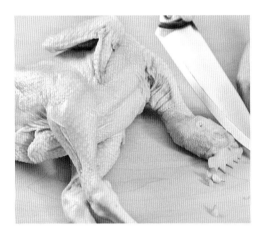

东江盐焗鸡是广式菜肴中的传统名菜，首创于广东东江一带。300多年前，东江地区沿海的一些盐场里，人们由于工作时间很长，没有充裕的时间煮饭做菜，便习惯用盐保存煮熟的鸡。用盐储存的鸡不但肉质不变，还特别甘香鲜美。家里有客人来时也可随时拿来招待客人，食用方便。

还有一个关于盐焗鸡的传说。有一位客家妇女儿女成群，其中一个孩子体弱多病，因当时缺乏各种营养食品，就将用盐腌制的鸡用纸包好，放入炒热的盐中用砂煲煨熟，孩子食用后，身体逐渐恢复并强壮起来，参加科举考试中了状元。后来这道菜便家喻户晓，成为每位客家妇女都能烹制的拿手菜肴。为方便烹调，适应大量生产的需要，客家厨师不断改良创新，便创制出全新风味的东江盐焗鸡。

原料：净嫩鸡 1 只，粗盐 3000 克，沙姜 5 克

调料：盐焗鸡粉 1 小勺，🐷①盐 1/2 小勺

制作方法：

1. 净嫩鸡晾干表面水分，剁去鸡爪；沙姜洗净，切成碎粒。

2. 将盐和盐焗鸡粉混合拌匀，均匀地抹在鸡的表面和腹腔内，再将碎沙姜装入鸡腹内。

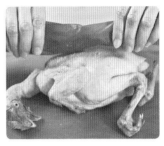

3. 用砂纸将鸡逐层包好。

4. 坐锅点火，倒入粗盐，用铲子不停翻炒至滚烫。

5. 先取 1/3 的粗盐装入锅内，放入包好的鸡，再倒入剩余粗盐盖住鸡，盖上锅盖，🐷②以中火焗 30 分钟。

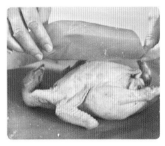

6. 取出除去砂纸，将鸡切块装盘即成。

下厨心语

① 盐用量不宜太多，否则成菜味道会太咸。

② 鸡胸部分比较难熟，焗制时应鸡腹朝下。鸡胸部分砂纸要裹得厚一点，以免焗焦。

太爷鸡

色泽枣红，茶香味浓，鸡皮油亮，鸡肉软嫩。

太爷鸡又名"茶香鸡"，是我国港澳地区和东南亚国家驰名已久的传统粤菜佳肴。据说，太爷鸡是清末一位名叫周桂生的人创制的。周桂生原是江苏人，在广东新会县任知县，1911年举家迁到广州城定居。因生活窘迫，周桂生便在街边设摊专营熟肉制品。他凭当官时食遍吴粤名肴的经验，巧妙兼取江苏的熏法和广东的卤法之长，将鸡制成了既有江苏特色又有广东风味的菜肴，并以"太爷鸡"为之命名并推向市场。由于此鸡香嫩不腻，色泽枣红，茶香四溢，名号很快响遍羊城。太爷鸡出名后，附近的六国饭店以重金购得其制售权，从此太爷鸡便转为六国饭店所有。六国饭店倒闭后，制作此菜的厨师受聘于大三元酒家，于是太爷鸡又成为大三元酒家的招牌名菜，并在岭南地区广泛流传。

原料：净嫩鸡 1 只，葱段 15 克，姜片 15 克

调料：炖鸡料 1 包，茶叶 2 小勺，白糖 1 大勺，酱油 1 大勺，盐 2 小勺，香油 1/2 小勺，色拉
油 2 大勺

制作方法：

1. 坐锅点火，倒入 1 大勺色拉油烧热，下入葱段和姜片炸香，加入适量开水，①调入酱油和盐，放入炖鸡料包煮沸。

2. 将净嫩鸡放入沸水锅内略氽，捞出洗净，放入卤水锅内，以小火卤熟至入味，捞出沥干汤汁。

3. 炒锅重上火位，倒入剩余色拉油烧热，再放入泡湿的茶叶炒干。

4. 放入白糖炒至冒黄烟，架上箅子。

5. 放上卤好的鸡，②盖上锅盖熏 5 分钟后取下。

6. 斩块装盘，淋上卤鸡原汁和香油即成。

下厨心语

① 卤水中加入少量酱油是为了确保熏制时容易上色，用量宜少不宜多。

② 此菜采用熟熏的方法，要控制好熏制时间，避免熏黑。

白切文昌鸡

外皮爽脆，肉质滑嫩，味道鲜香，肥而不腻。

　　白切文昌鸡是海南最负盛名的传统名菜，驰名中外，是每一位到海南旅游的人必尝的美味。现在的海南，不少菜馆都以此菜作为招牌菜。文昌鸡据说最早出自该县潭牛镇天赐村，关于此菜的来源还有两个传说。一说是明代有一位文昌人在朝为官，回京时带了几只鸡供奉皇上，皇上品尝后称赞道："鸡出文化之乡，人杰地灵，文化昌盛，鸡亦香甜，真乃文昌鸡也！"文昌鸡由此得名，誉满天下。又一传说是清朝时海南锦山地区有一人在江浙为官，某年春节回家探亲，忙着应酬亲戚朋友和当地官员，将要离家时才想起文昌县天赐村还有自己的一位老学友。他赶紧准备礼物，前去看望这位老学友。老学友喜出望外，用正宗的文昌鸡款待他，还选了几只文昌鸡让其带回江浙款待亲朋好友，文昌鸡从此出名。

原料：净文昌鸡 1 只，香葱 15 克，生姜 15 克

调料：盐 1 小勺，蚝油 1 大勺，色拉油 2 大勺

制作方法：

1. 文昌鸡剁去鸡爪，去除内脏后洗净。

2. 香葱择洗干净，葱白切段，葱叶切成碎末；生姜洗净去皮，取 5 克切片，剩余生姜剁成细末。

3. 坐锅点火，加入适量清水煮沸，放入葱段和姜片，①用手提起文昌鸡的头部放入沸水锅内氽烫三下。再将鸡完全放入沸水锅内，②盖上锅盖转小火焖煮 15 分钟。

4. 捞出沥干汤汁，③放入冰水中浸凉。

5. 葱末和姜末放入小碗内，加入盐拌匀，再倒入烧至七成热的色拉油，调匀成味汁。

6. 捞出冰好的鸡，沥干水分，切成长条状，按原鸡形状摆在盘中，随味汁和蚝油上桌蘸食即成。

下厨心语

① 如果将鸡直接放入沸水锅内煮，鸡皮很容易破。

② 控制好煮鸡时间。若过长，鸡肉会老，鸡皮也不滑脆。

③ 煮好的鸡立即用冰水浸凉，口感才佳。

辣炒鸡排

色泽红亮,辣中回甜,荤素搭配,营养丰富。

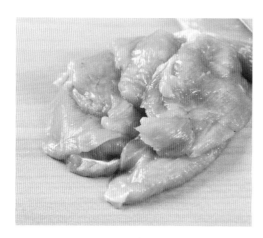

辣炒鸡排是韩国江原道春川市的乡土美食。这道菜的历史可以追溯至 20 世纪 60 年代末。春川地区养鸡产业十分发达,鸡肉特别便宜,市里的小酒馆出售比较多的下酒小菜,就是在炭火上烤制的鸡排。20 世纪 70 年代初,烤鸡排逐渐发展成为辣炒鸡排。辣炒鸡排是将鸡排搭配卷心菜、胡萝卜等食材,放在调好的韩式辣酱里煎炒成菜。鸡肉多汁、味道香辣、荤素搭配、老少皆宜的春川辣炒鸡排现如今已经走出江原道,在首尔等韩国其他地区也有很多春川辣炒鸡排店。

原料：鸡胸肉 500 克，胡萝卜 50 克，卷心菜 30 克，红薯 50 克，洋葱 50 克，大葱 30 克，
　　　熟芝麻 15 克，蒜蓉 2 大勺

调料：辣椒酱 3 大勺，糖稀 2 大勺，酱油 2 大勺，料酒 2 大勺，咖喱粉 1 大勺，细辣椒粉 2 小勺，
　　　胡椒粉 1/3 小勺，香油 1 大勺，色拉油 1/3 杯

制作方法：

1. 鸡胸肉用刀背拍松，切成 5 厘米见方的块。

2. 胡萝卜和红薯切成片；卷心菜和大葱切成丝；洋葱切成条。

3. 将辣椒酱、糖稀、酱油、蒜蓉、料酒、咖喱粉、细辣椒粉和清水放入玻璃碗内调匀，再放入鸡肉块拌匀，🐷[1]腌制 1 小时。

4. 平底煎锅内倒入色拉油铺满锅底，🐷[2]烧热后倒入鸡块煎至半熟。

5. 加入胡萝卜片、卷心菜丝、红薯片、洋葱条和大葱丝续炒 5 分钟。

6. 撒胡椒粉，淋香油，最后撒熟芝麻，炒匀即成。

① 鸡块充分腌制，吸足酱汁，使成菜味道香、口感嫩。

② 煎炒时不宜用旺火。

参鸡汤

清爽鲜美，鸡肉香嫩，滋补营养。

参鸡汤是韩国的传统饮食，被誉为"韩国养生第一汤"。在首尔的大街上随便转转，随处都能看到出售参鸡汤的餐馆。近年来，参鸡汤在中国也大为流行。

在韩国，酷暑之日，尤其是三伏时节，都要喝上一碗参鸡汤来滋补身体，同时喝参鸡汤还具有很好的解暑功效。韩国人认为，三伏天暑气重、湿度大，人体消耗大，要特别注意从饮食上补充营养。所以，尽管平时饮食以清淡为主，但在三伏天，韩国人却会选择肉类等高蛋白食物。参鸡汤是在童子鸡腹中放入糯米、人参、大枣、板栗、大蒜等食材精心炖制而成，具有很好的补气、养颜、安神、抗癌功效，四季都可食用，尤其适合在夏天食用。作为韩国代表性的养生美食参鸡汤，也越来越受到世界各地人们的推崇和喜爱。

原料：🍳①童子鸡1只，糯米150克，大蒜10瓣，生姜2片，🍄②红枣6个，板栗6粒，鲜
    人参2根

调料：盐2小勺，胡椒粉1小勺

制作方法：

1. 将童子鸡宰杀褪毛，从尾部横切一小口掏出内脏，洗净血污，擦干水分。

2. 用刀剁去鸡头、鸡爪和鸡翅尖。

3. 糯米洗净，放入温水中浸泡2小时，沥干水分；③鲜人参洗净，切去头部；大蒜、大枣和板栗分别洗净。

4. 将糯米装入鸡腹内。

5. 将鸡腿交叉穿进鸡的肚皮，鸡腹朝上、鸡背朝下装入砂锅内。

6. 加入板栗、红枣、姜片、大蒜和人参，加入清水没过鸡身。

7. 用大火煮沸，转小火炖50分钟至熟烂，🍄④最后加入盐和胡椒粉调味即成。

 下厨心语

① 最好选用土鸡，750~1000克的童子鸡最合适。没有童子鸡可选用小只的普通鸡代替。

② 一定要选用小个无核的红枣。

③ 人参的头部是热性与毒性集中的地方，最好不要食用。

④ 最好在参鸡汤上桌后再用盐和胡椒粉调味。

墨西哥名菜

鸡肉卷

简便易学，营养全面，口感浓郁，带有异国特色。

　　墨西哥美食的历史可追溯到 3000 年前。墨西哥的旅行者把各种原料从中国、印度、欧洲带回了墨西哥，并与当地的传统菜肴相结合，从而产生了令人垂涎欲滴的美味菜肴。在墨西哥菜制作过程中，使用辣椒是一个重要组成部分，但它不是墨西哥菜的唯一特色。墨西哥菜将辣椒、香料、冬虫夏草及各种鲜花融合在一起，使菜肴具有拉丁菜的味道、热带雨林的颜色及原始森林的芬芳。墨西哥菜系包含丰富的菜式，以独特的制作方法和饮食文化让人倍感与众不同，被誉为世界名菜，与法国菜、中国菜等并驾齐驱。墨西哥菜肴口味重，颜色多，正如这个国家的热情和绚丽。如果您没有机会去墨西哥品尝那里的美食，那么就在家中自制这道墨西哥鸡肉卷吧。

原料：鸡腿肉 200 克，洋葱丝 50 克，青、红、黄椒丝共 25 克，西式薄饼 2 张

调料：干辣椒粉 1 大勺，孜然粉 2 小勺，料酒 1 小勺，盐 1 小勺，黑胡椒粒、白胡椒粉各 1/3 小勺，
葵花籽油 2 大勺，黄油 1 大勺

制作方法：

1. 将鸡腿肉切成 5 厘米长、筷子粗的长条。

2. 放入碗内，加入 1/3 小勺盐、黑胡椒粒、1 小勺干辣椒粉和 1 小勺孜然粉拌匀，腌制 10 分钟。

3. 平底锅烧热，放入黄油加热至化开。🐷①倒入葵花籽油烧热，放入剩余孜然粉和干辣椒粉炸香，倒入鸡柳炒至变色。

4. 放入洋葱丝和青、红、黄椒丝，🐷②续炒至八成熟。

5. 加入料酒、白胡椒粉和剩余盐，炒匀盛出。

6. 将西式薄饼摊平，放上炒好的鸡柳。

7. 卷成圆筒形即成。

 下厨心语

① 底油不宜烧得太热，以免炸糊孜然粉和干辣椒粉。

② 洋葱丝和青、红、黄椒丝不要炒得过熟，以免成菜口感不脆。

家常鸡肉肴

味道鲜美

鸡肉佳肴味道鲜美，令人大快朵颐。本篇介绍了五十多道简单易做的家常鸡肉菜肴，中西菜式兼顾，不仅教您怎么做每道菜，还教您怎样才能做好。没有厨艺者也能运用自如，为家人奉上美味鸡肉菜肴，使全家人不仅饱腹，更能吃出健康体魄。

084　鸡香如意

麻辣鸡皮

色白净，质软嫩，味麻辣。

原料： 鸡皮 200 克，生菜 100 克

调料： 红油 2 小勺，花椒油 2 小勺，酱油 2 小勺，盐 2/3 小勺，白糖 1/3 小勺，鸡汤 2 大勺

制作方法：

1. 将鸡皮上的杂质去净，放入沸水锅内煮熟。

2. ①然后取出放入纯净水中浸凉，沥干后切条。

3. 生菜洗净，用手撕成小片。

4. 碗内放入鸡汤、盐、白糖、酱油、②红油和花椒油，调匀成麻辣味汁。

5. 鸡皮和生菜放入盆内。

6. 加入调好的麻辣味汁拌匀即可上桌。

① 鸡皮煮好后立即浸凉，可使其胶质脆而不黏糯。

② 红油增色提辣，花椒油增麻味，两者组合成可口的麻辣味。

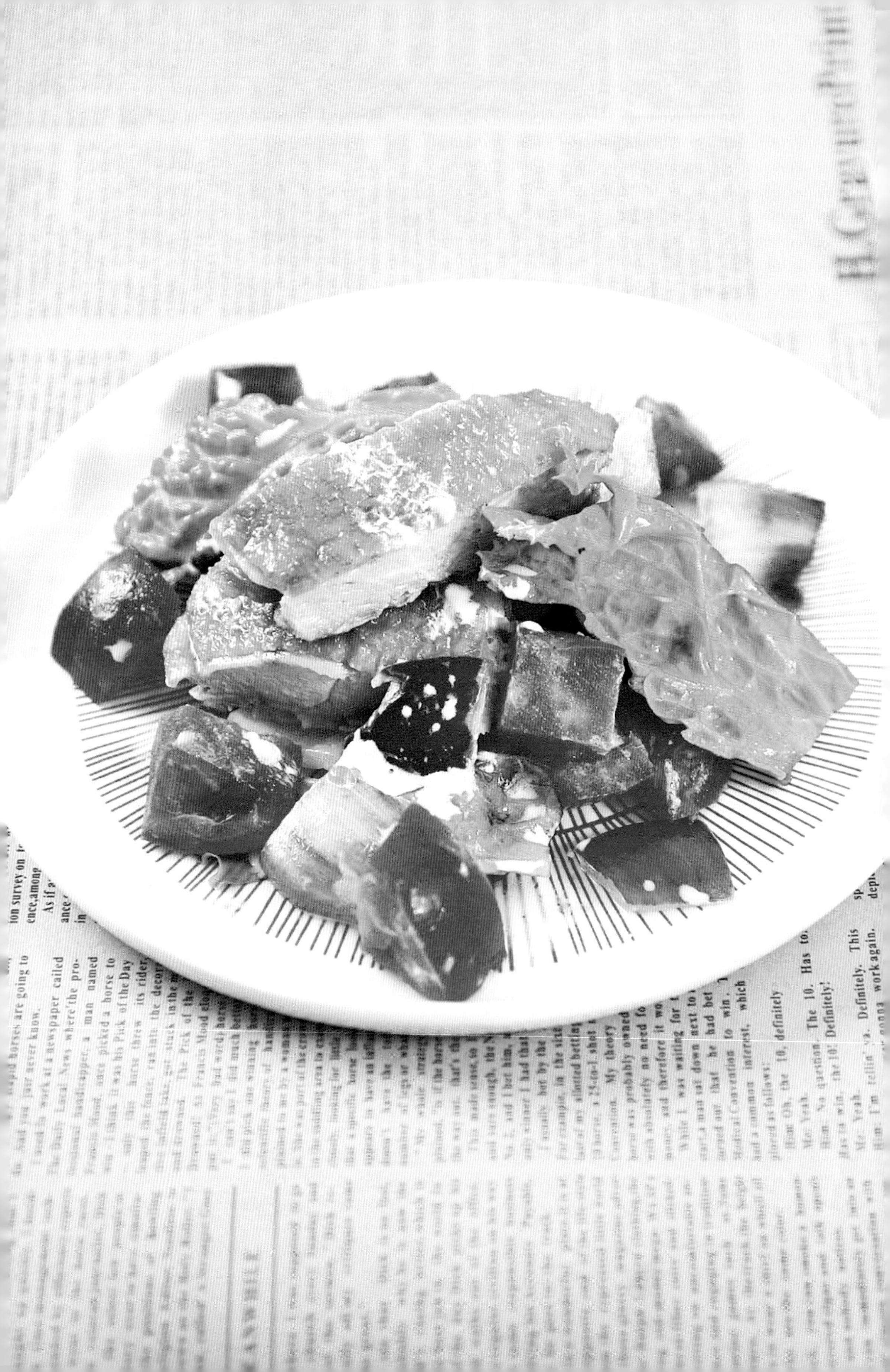

煎鸡肉沙拉

鸡肉焦嫩，酸甜带辣，爽口开胃。

原料：肉鸡腿 1 个，洋葱 1/2 个，番茄 1 个，①生菜 100 克

调料：沙拉酱 1 大勺，柠檬汁 1 大勺，番茄酱 2/3 大勺，甜辣酱 1 小勺，盐 2/3 小勺，色拉油 1 大勺

制作方法：

1. 将鸡腿剔去骨头，②在内侧划上一字刀纹，撒上 1/3 小勺盐腌制 10 分钟。

2. 洋葱和番茄切成小方块；生菜洗净，切成 2 厘米宽的长条。

3. 将沙拉酱、番茄酱、甜辣酱和柠檬汁放入小碗内调匀成酱汁，备用。

4. 坐锅点火，倒入色拉油烧热，③放入腌制入味的鸡腿肉煎至两面略焦至熟，铲出切成长条块，放入大碗内。

5. 加入洋葱块、番茄块、生菜条和剩余盐拌匀，装在盘内，随调好的酱汁上桌蘸食即成。

下厨心语

① 所用生菜要选取新鲜质佳的，并进行消毒处理。

② 鸡腿肉上划几刀，以便于入味和制熟。

③ 煎制时要用手勺压一压，让鸡肉内部的汁液溢出，形成外部略焦的质感。

鱼腥草拌鸡

酸辣香嫩，爽口宜人。

原料：净肥鸡 1/2 只，鱼腥草 100 克，小青椒 50 克，蒜泥 1 大勺，葱段 10 克，姜片 10 克

调料：红油辣椒 1 大勺，料酒、香醋各 1 大勺，盐 2 小勺，酱油 1 小勺，白糖 1/3 小勺，香油 1 小勺，色拉油 2 小勺

制作方法：

1. 净肥鸡汆烫后洗净，放入加有料酒、葱段、姜片和 1 小勺盐的凉水锅内，用小火煮熟。

2. 离火，①原汤浸泡至凉，捞出剁成条状。

3. 鱼腥草择洗干净，加入 1/3 小勺盐拌匀。

4. 放在盘中垫底，盖上鸡块。

5. 小青椒洗净，切成小粒，放入油锅内炒香，加入 1/3 小勺盐调味后盛出。

6. ③蒜泥加入 3 大勺纯净水稀释，再加入酱油、香醋、白糖、红油辣椒、香油和剩余盐调匀成味汁，浇在盘中鸡块上。

7. 撒上炒好的青椒粒即成。

下厨心语

① 煮好的鸡用原汤浸泡片刻，可使成菜形态饱满，水分充足，皮爽肉滑。

② 应将各种调料先在碗内调匀后再浇在鸡块上。调味汁时应突出酸辣味，少放白糖、蒜泥，多放红油辣椒。

飘香花生鸡

鸡肉鲜嫩，味道咸香。

原料： 净土鸡 1 只，盐酥花生末 3 大勺，熟芝麻、姜片、葱段各 10 克

调料： 芝麻酱 1 大勺，花生酱 2 小勺，花椒 1/2 小勺，料酒 1 大勺，酱油 1 小勺，盐 2 小勺，
白糖 2/3 小勺，红油 1 小勺

制作方法：

1. 土鸡氽烫后放入加有姜片、葱段、花椒和料酒的凉水锅内，用旺火煮沸后撇去浮沫，转小火煮至熟透，👨‍🍳① 离火原汤泡凉。

2. 将鸡捞出擦干水分，剁成长条块，呈原鸡形状装在盘中。

3. 👨‍🍳② 芝麻酱和花生酱放入大碗内，先加半杯煮鸡原汤顺同一方向调成稀糊状，再加入酱油、盐、白糖和红油调匀成飘香酱汁，淋在鸡块上。

4. 最后撒上盐酥花生末和熟芝麻即成。

下厨心语

① 土鸡煮好后不要马上捞出，应在原汤中浸泡片刻，使成菜口感皮嫩肉滑。

② 调芝麻酱和花生酱时应分次加入鸡汤，并顺同一方向搅成稀糊状后再加入其他调料。

盐水白鸡

白净素雅，清淡爽口，肉嫩味鲜。

原料： 净笋鸡1只，大葱15克，生姜15克

调料： 料酒2大勺，花椒1/3小勺，盐适量

制作方法：

1. 净笋鸡剁去爪尖和嘴尖，同凉水一起入锅。

2. 上火煮沸后续煮5分钟，捞出用清水漂洗干净，沥干水分。

3. 大葱切段；生姜切片。

4. 汤锅烧热，加入适量清水，放入笋鸡、葱段、姜片、花椒和料酒，用旺火煮沸，撇净浮沫，🐷①转小火将鸡煮至半熟。

5. 加入盐调好口味，续煮至鸡熟，🐷②出锅晾凉。

6. 改刀装盘，淋原汤即成。

① 笋鸡肉极嫩，卤制时要用小火，以免鸡皮破裂，影响美观。

② 卤好的鸡最好趁热刷上一层香油，既能防止表皮干裂，又能增亮增香。

蘸水手撕鸡

口感软嫩，酸香诱人。

原料： 净公鸡 1 只，熟芝麻 2 小勺，小香葱 2 根，生姜 3 片，大蒜 1 头

调料： 老陈醋 6 大勺，八角 2 颗，花椒数粒，香油 1 小勺，盐 1 小勺

制作方法：

1. 小香葱洗净，取葱白部分切段，葱绿部分切碎末。

2. 净公鸡汆烫后放入凉水锅内，加入葱白段、生姜片、花椒和八角，用旺火煮沸，撇去浮沫，🧑‍🍳①转小火煮熟，离火原汤泡凉。

3. 大蒜剥皮，加入 1/3 小勺盐捣成蓉，加入 3 大勺纯净水调匀，🧑‍🍳②再加入葱绿末、老陈醋、香油、熟芝麻和剩余盐调匀成蘸汁。

4. 将煮好时的捞出，用擀面杖敲松。

5. 卸下头、翅、爪和鸡骨，用手将鸡肉撕成不规则的丝。

6. 鸡骨切成小块放在盘中垫底，盖上鸡丝，再摆上头、翅和爪呈原鸡形，随蘸汁上桌食用即成。

下厨心语

① 煮鸡时应用小火焖煮，如用大火，鸡肉细胞受热破裂，内部汁液流失，鸡身缩小，肉质紧柴，吃起来口感较老。

② 调蘸汁时还可加入红油调成酸辣味。

蒜香翡翠鸡

鸡肉滑嫩，蒜浓醋香，极宜下酒。

原料： 净肥鸡 1/2 只，黄瓜 150 克，蒜瓣 20 克，生姜 3 片，葱结 1 个

调料： 🐷① <u>香醋 2 大勺</u>，盐 2/3 小勺，香油 1 小勺

制作方法：

1. 将净肥鸡放入凉水锅内，加入姜片和葱结，用中火煮 10 分钟。

2. 🐷② <u>离火泡凉</u>，捞出沥干，用手将鸡肉撕成不规则的条。

3. 黄瓜切成粗丝。

4. 蒜瓣加入盐捣成细蓉，再加入香醋和香油调匀成味汁。

5. 将鸡柳和黄瓜丝放在一起。

6. 倒入调好的味汁拌匀，装盘即成。

① 应选用既有香味又酸而不烈的醋，拌出来成菜的味道才好。

② 鸡煮好后用原汤浸泡冷却，让其吸足水分，成菜才会皮爽肉滑。

香糟卤鸡

糟香扑鼻，肉味鲜美。

原料：净嫩鸡 1 只

调料：🐷¹香糟汁 2 大勺，花雕酒 2 大勺，八角 3 颗，盐 2 小勺

制作方法：

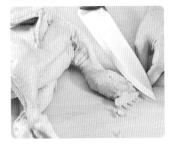

1. 将净嫩鸡剁去爪尖和嘴尖，余烫后沥干水分。

2. 汤锅烧热，加水煮沸，放入香糟汁、花雕酒、八角、盐和嫩鸡，用小火卤 1 小时至熟透。

3. 熄火，🐷²原汤浸泡 20 分钟。

4. 将鸡捞出切成长条，摆成原形装盘。

5. 淋少量卤汁即成。

下厨心语

① 香糟汁和花雕酒均要选用优质产品，以确保成菜质量。

② 鸡卤好后不要急于捞出，要用原汤浸泡片刻，充分吸收香糟的味道。

虾酱卤仔鸡

鸡肉香嫩，虾味突出。

原料：净仔鸡 1 只，姜片 10 克，葱段 10 克

调料：🐷①虾酱 6 大勺，花椒、丁香、小茴香各 1/3 小勺，草果 1 个，八角 2 颗，料酒 1 大勺，白糖 2 小勺，盐 1 小勺，色拉油 3 大勺

制作方法：

1. 净仔鸡放入沸水锅内汆烫一下，捞出洗净，剁块。

2. 将花椒、八角、丁香、草果和小茴香装入纱布内扎紧口，制成香料包。

3. 炒锅内倒入色拉油烧热，下入葱段和姜片爆香，加入料酒和虾酱略炒。

4. 加入适量水，放入香料包、盐和白糖煮成虾酱卤水。

5. 放入鸡块，以中火卤至鸡肉熟透。

6. 熄火，原汤浸泡 10 分钟，🐷②捞出装盘上桌即成。

下厨心语

① 虾酱用量要够，以突出其浓郁的味道。

② 也可将整鸡卤熟后再改刀装盘上桌。

卤汁红油鸡

鸡肉肥嫩，味道香辣。

原料： 净肥鸡 1 只，姜片 10 克，葱结 10 克，熟芝麻 2 小勺

调料： 红油 1 大勺，料酒 2 小勺，五香料 1 小包，酱油 1 大勺，盐 2 小勺，白糖 1 小勺

制作方法：

1. 净肥鸡汆烫后放入凉水锅内，加入姜片、葱结、料酒和五香料包，①用中火煮 30 分钟至出香味，放入盐、酱油和白糖调味。

2. 离火，原汤浸泡至凉。

3. 将肥鸡捞出切成条，整齐装在盘中。

4. 取 1/2 杯煮鸡卤汁与红油调匀，浇在鸡块上。

5. ②撒熟芝麻即成。

下厨心语

① 要控制好煮鸡时间，不要煮得太烂。

② 如果鸡煮好后需搁置片刻再吃，应在鸡表面涂香油，减少水分的蒸发，防止鸡皮风干。

咖喱香叶鸡

色泽黄亮，味道香鲜。

原料： 鸡腿 1 个，洋葱 50 克，青椒块 50 克，蒜片 5 克，姜片 5 克

调料： 料酒 1 大勺，咖喱粉 2 小勺，干淀粉 2 小勺，盐 1 小勺，白糖 2/3 小勺，色拉油 3 大勺，
香叶 2 片

制作方法：

1. 将鸡腿上的骨头剔去，切成 2 厘米见方的块，加入料酒、干淀粉和 1/3 小勺盐拌匀，腌制 10 分钟。

2. 与此同时，将咖喱粉放入小碗内，①加入 1 大勺烧热的色拉油搅匀。

3. 坐锅点火，②倒入剩余色拉油烧热，下入腌好的鸡块煸炒至露骨。

4. 放入蒜片、姜片和洋葱块炸香，加入适量开水，再加入调好的咖喱酱和香叶，用小火微煮，调入剩余盐和白糖。

5. 煮 8 分钟至熟，加入青椒块炒匀，装盘即成。

下厨心语

① 油不能烧得过热，否则咖喱酱会有苦味。

② 先用热底油炒透鸡块后再加水烧制，不仅可去除鸡肉的水分和异味，而且在烧制时也不会粘锅。

水煮珍珠鸡

鸡肉软嫩，味道香辣，滚烫热乎。

原料： 肉鸡腿 2 个，豆花 1/2 盒，黄豆芽 100 克，大蒜 75 克，香菜段 5 克

调料： 豆瓣酱 2 大勺，干辣椒节 10 克，料酒 1 大勺，干淀粉 2 小勺，盐 2 小勺，酱油 1 小勺，色拉油 3 大勺

制作方法：

1. 肉鸡腿洗净，剁成 2 厘米见方的块，用清水洗净血污，挤干水分，放入大碗内，加入料酒、1 小勺盐和干淀粉抓拌均匀。

2. ☺①放入沸水锅内汆烫 5 分钟，捞出漂洗，去净污沫。

3. 豆花切成 0.5 厘米厚的菱形片；☺②黄豆芽洗净，放入沸水中汆烫；大蒜切成碎粒。

4. 坐锅点火，倒入 2 大勺色拉油烧热，下入大蒜粒炸黄，再下入鸡块和豆瓣酱煸炒出红油。

5. 加入开水，煮至鸡肉熟透，放入豆花和黄豆芽，调入剩余盐和酱油，☺③续煮 5 分钟，起锅倒入汤碗内。

6. ☺④炒锅内倒入剩余色拉油烧热，下入干辣椒节炸至紫红焦脆，连油一起泼在鸡块上。

7. 撒上香菜段即成。

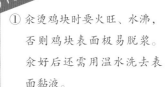

下厨心语

① 汆烫鸡块时要火旺、水沸，否则鸡块表面极易脱浆。汆好后还需用温水洗去表面黏液。

② 黄豆芽需进行汆烫处理，以去除豆腥味。

③ 豆花不要久煮，否则质老不嫩。

④ 炸干辣椒时要控制好油温，以免炸糊。

印度咖喱鸡

色泽黄红，鲜香微辣，咖喱味浓。

原料： 净仔鸡 500 克，洋葱 15 克，蒜瓣 15 克，面粉 10 克

调料： 咖喱粉 1 大勺，黄油 1 大勺，奶油 3 大勺，椰浆 1 杯，番茄酱 4 小勺，盐 1 小勺，鲜汤 1 杯，色拉油 3 大勺

制作方法：

1. 净仔鸡剁成大小合适的块，加入 4/5 小勺盐拌匀，腌制半小时。

2. 洋葱和蒜瓣分别切末。

3. 坐锅点火，将黄油加热至化开。放入洋葱末和蒜末炒至浅黄色，①加入面粉炒至微微变色。

4. 再加入咖喱粉炒香，放入番茄酱、鲜汤和椰浆熬煮，制成咖喱汁。

5. 另取一锅，②倒入色拉油烧热，再放入鸡块煎至定型后取出。

6. 将煎好的鸡块放入咖喱汁中烩熟。

7. 再加入剩余盐调好口味，起锅前加入奶油即成。

下厨心语

① 面粉起增稠作用，要炒黄炒香，千万不可炒煳。

② 煎鸡块时要用热油，使其表面迅速形成一层焦壳，锁住内部水分，这样鸡肉的口感才嫩。

粉条炖土鸡

鸡块香嫩，粉条滑软，家常风味。

原料： 净土鸡 1 只，干粉条 100 克，葱段 10 克，姜片 10 克，香菜段 5 克

调料： 料酒 1 大勺，花椒数粒，八角 1 颗，盐 1 小勺

制作方法：

1. 将净土鸡剁成 2 厘米见方的块，氽烫后放入高压锅，¹加入葱段、姜片、料酒、花椒、八角和盐，盖上锅盖上火压 30 分钟至鸡肉软烂，离火。

2. ²干粉条切成 10 厘米长的段，放入凉水中泡软；香菜洗净，切段。

3. 坐锅点火，舀入炖鸡原汤，放入泡软的粉条炖至软糯。

4. 放入压好的鸡块略煮，撒香菜段，原锅上桌即成。

下厨心语

① 调味时花椒和八角用量宜少不宜多，否则会影响汤的鲜味。

② 要选用优质的红薯粉条，先用凉水泡软再炖制，口感才滑爽。

莲藕烧鸡腿

色泽红艳，酥软滑润，醇厚鲜香。

原料： 鸡腿 400 克，莲藕 250 克，葱段 10 克，姜片 5 克

调料： 红葡萄酒 3 大勺，酱油 1 小勺，盐 1 小勺，香油 1 小勺，色拉油 1 杯

制作方法：

1. 鸡腿剁小块，☞①加入 1/3 小勺盐、1/3 小勺酱油、一半的葱段和姜片搅拌均匀，腌制 5 分钟。

2. 莲藕洗净去皮，切成滚刀块，放入清水中浸泡 10 分钟，沥干水分。

3. 锅内倒入色拉油烧至六成热，放入鸡腿块炸至上色捞出。

4. 再放入莲藕块炸至上色，倒出沥干油分。

5. 锅内留 2 大勺色拉油上火烧热，放入剩余葱段和姜片炸香，☞②加入适量清水、剩余酱油和盐以及红葡萄酒、鸡腿块和莲藕块。

6. 用小火烧至软烂汁浓，拣出葱姜，淋香油，颠匀出锅装盘即成。

① 腌制时酱油用量要少，以免油炸后色泽发黑。

② 掌握好莲藕的下锅时间，保证莲藕和鸡腿同时达到成菜的口感要求。

玉米炖鸡腿

味道清香，口感滑嫩。

原料： 肉鸡腿 2 个，嫩玉米棒 1 根，水发香菇 100 克，葱节 5 克，姜片 5 克，小香葱 2 根，枸杞数粒

调料： 盐 1 小勺，胡椒粉 1/2 小勺，水淀粉 1 大勺，色拉油 3 大勺

制作方法：

1. 鸡腿剁成 2 厘米见方的块，用清水洗去血污。

2. 嫩玉米棒顶刀切成 1 厘米厚的块；水发香菇去蒂，切块；小香葱洗净，切碎。

3. 净锅上火，加入清水用旺火煮沸，①放入嫩玉米棒块和香菇块氽透。

4. ①放入鸡块氽透，捞出用清水漂洗，去净污沫。

5. 坐锅点火，倒入色拉油烧热，放入葱节、姜片炸香，再放入鸡块、香菇块和嫩玉米棒块炒透，②加入适量清水，用小火炖 20 分钟。

6. 拣出葱姜，②勾入水淀粉，加入盐、胡椒粉和枸杞略炖。

7. 出锅盛在汤碗内，撒上香葱碎即成。

下厨心语

① 所用原料均需用沸水氽透，去净污沫，以确保汤品的色泽鲜艳。

② 要掌握好汤汁和水淀粉的用量，以成菜汤汁略有黏性为好。

木瓜贵妃鸡翅

色泽红艳，酥软滑润，酒香醇厚。

原料：鸡翅 8 只，黄木瓜肉 150 克，葱段 10 克，姜片 5 克

调料：①红葡萄酒 2 大勺，酱油 1 小勺，盐 2/3 小勺，香油 1 小勺，色拉油 2 大勺

制作方法：

1. 鸡翅剁成小块，②放入 1/3 小勺盐、1/3 小勺酱油、一半的葱段和姜片拌匀，腌制 5 分钟。

2. 黄木瓜肉切成和鸡翅块大小相等的菱形小块。

3. 坐锅点火，倒入色拉油烧至六成热，放入鸡翅块煎至上色取出，再放入剩余葱段和姜片煎香。

4. 锅内加入适量开水，放入煎好的鸡翅块和红葡萄酒，加入剩余酱油和盐调味。

5. 用小火烧至翅烂汁浓，加入木瓜块略烧，淋香油，出锅装盘即成。

 下厨心语

① 红葡萄酒是不可缺少的原料，用量要足。

② 腌制时酱油用量要少，以免油炸后色泽发黑。

菠萝焖鸡翅

黄红分明，翅肉软嫩，菠萝清香。

原料： 鸡翅中 10 个，菠萝肉 200 克，大葱 2 节，生姜 3 片

调料： 料酒 1 大勺，白糖 1 大勺，八角 2 颗，酱油 2 小勺，盐、香油各 1 小勺，色拉油 1 杯

制作方法：

1. 鸡翅中刮洗干净，加入料酒和酱油拌匀。

2. 菠萝肉切成 4 厘米长、小指粗的条。

3. 坐锅点火，①倒入色拉油烧至六成热，放入鸡翅中炸至上色，捞出沥干油分。

4. 锅内留底油烧热，放入八角炸香，再放入葱节和姜片炸香，加入清水、白糖、盐和鸡翅中，②改小火盖上锅盖焖制。

5. 待翅肉软烂时放入菠萝肉。

6. 盖上锅盖焖至汁稠，淋香油，出锅装盘即成。

下厨心语

① 油温不应过高，否则易炸煳鸡翅中，影响成菜的色泽和风味。

② 焖制时要用小火，以避免出现汁干料不熟的情况。

红卤蘑菇翅

形似蘑菇，香嫩软烂。

原料： 鸡翅中 10 只，葱段 10 克，姜片 5 克

调料： 老抽 1 大勺，蚝油 2 小勺，香料包（八角 4 颗，花椒 1 小勺，香叶 4 片，桂皮 1 小块，草果 2 个，白芷 1 克）1 个，盐 2 小勺，白糖 1 小勺

制作方法：

1. 用刀切去鸡翅中小头的尖部软骨。

2. 用手将肉褪至大头，使肉翻出呈蘑菇状。

3. 将鸡翅中放入盆内，加入 1 小勺盐拌匀，腌制 5 分钟。

4. 放入沸水锅内氽透，捞出沥干水分。

5. 砂锅上火，加水煮沸，🧑‍🍳① 放入香料包、葱段、姜片、老抽、蚝油、白糖、剩余盐和氽好的鸡翅中。

6. 🧑‍🍳② 用小火煮 7 分钟，原汤浸泡 5 分钟即成。

下厨心语

① 白糖的用量以尝不出甜味为好。

② 卤制时间不要太长，否则会骨肉分离，散碎失形。

腐乳鸡翅中

色泽粉红，脆嫩咸香。

原料： 鸡翅中 500 克，红腐乳 3 块，葱结 10 克，姜片 10 克

调料： 红腐乳汁 2 大勺，白糖 1 大勺，料酒 1 大勺，盐 1 小勺，香油 1 小勺

制作方法：

1. 🐵①将鸡翅中洗净，放入沸水中氽一下，捞出用清水洗净，沥干水分。

2. 红腐乳用刀压成细泥，与红腐乳汁调匀。

3. 汤锅坐火上烧热，加入适量清水，🐵②放入鸡翅中、葱结、姜片、料酒、红腐乳汁、盐和白糖调味。

4. 用旺火煮沸，撇去浮沫，转小火卤至鸡翅中入味至熟透。

5. 捞出鸡翅中，沥干汤汁，趁热装在盘中，淋香油即成。

下厨心语

① 鸡翅中一定要清洗干净，并进行氽烫处理。

② 先加入足量的红腐乳汁，试味后再补加盐定咸味。

酱香脱骨翅

形态美观，味道鲜美，质感软嫩。

原料： 鸡翅中 10 只，胡萝卜 50 克，嫩豆角 100 克

调料： 蚝油 2 大勺，老抽 2 小勺，盐 1/3 小勺，料酒 1 大勺，姜汁、香油各 1/3 小勺，色拉油
3 大勺

制作方法：

1. 鸡翅中用小刀剔去骨头，加入 1 小勺料酒、1/6 小勺盐和姜汁拌匀腌制入味。

2. 胡萝卜先切成小指粗的条，再切成比鸡翅中略长的段，穿入脱骨的翅中内，逐一做完。

3. 嫩豆角择去两头和筋络，放入沸水中余熟，加入剩余盐和香油拌匀，整齐地摆入盘中。

4. 将老抽、蚝油和 1 小勺料酒放入小碗内调成酱汁。

5. ❶<u>平底锅上中火烧热，舀入色拉油铺满锅底，放入鸡翅中煎至两面金黄。</u>

6. 烹剩余料酒，加入开水没过鸡翅，再加入酱汁调好颜色，❷<u>用小火烧至汁浓</u>；出锅装在盘中豆角上即成。

下厨心语

① 煎鸡翅中时火不宜太旺。

② 烧制过程中应不时用手勺推动原料，以免酱汁粘锅，产生糊味。

麻辣鸡脖

红润油亮，香醇麻辣。

原料： 鸡脖 1000 克，姜片 10 克，葱节 10 克

调料： 干辣椒 50 克，花椒 2 小勺，麻辣油 1 小勺，香料包 1 小包，料酒 1 大勺，糖色 2 小勺，盐 2 小勺，色拉油 2 大勺

制作方法：

1. 🐔① 将鸡脖上的残毛污物刮洗干净，用刀面稍拍。

2. 鸡脖同凉水一起入锅，🐔①煮沸后续煮 5 分钟。

3. 捞出用清水冲去污沫，沥干水分。

4. 坐锅点火，倒入色拉油和干辣椒炒至无生味，倒入砂锅内。

5. 放入花椒、姜片、葱节、料酒、盐和适量清水，加入糖色调好色味，放入香料包和鸡脖，上旺火煮沸，转小火煮 1 小时至熟透入味。

6. 捞出沥干汤汁，🐔② 趁热刷上一层麻辣油，晾凉后改刀食用即成。

下厨心语

① 鸡脖上的残毛污物必须洗净，并进行汆烫处理，使成菜色泽鲜亮。

② 麻辣度可根据个人口味而定。

辣味芽菜鸡

味道咸鲜，略带酸、辣、甜。

原料： 红卤鸡 1 只，青椒、红椒粒各 30 克，葱花 20 克，蒜末 2 小勺，姜末 1 小勺，碎米芽菜 10 克

调料： 豆瓣酱 2 小勺，红醋 2 小勺，生抽 2 小勺，料酒 1 小勺，白糖 1 小勺，香油 1 小勺，鲜汤 1/2 杯，水淀粉 1 大勺，色拉油 1 大勺

制作方法：

1. 将红卤鸡改刀成长条块。

2. 按原形摆入大圆盘中，用保鲜膜盖住。

3. 上笼蒸透，除去保鲜膜。

4. 坐锅点火，倒入色拉油烧热，放入豆瓣酱、姜末和蒜末炒香，烹料酒，☞①加鲜汤，熬出味后去掉料渣，再放入碎米芽菜和青椒、红椒粒推匀。

5. 加入生抽、白糖和红醋调好味，☞②勾水淀粉。

6. 点入香油，起锅浇在盘中的卤鸡上，撒葱花即成。

下厨心语

① 鲜汤用量不宜多，以浇上芡汁后能看清鸡形、盘底略带汁液为佳。

② 勾芡时水淀粉用量宜少，应达到散开亮油的效果。

XO糯米鸡

质感糯软细嫩，味道咸鲜美妙。

原料： 鸡腿 4 个，糯米 100 克，蒜末 2 小勺，姜末 1 小勺，葱花 1 小勺

调料： XO 酱 1 大勺，水淀粉 1 大勺，盐 1 小勺，色拉油 2 大勺，香油 1 小勺

制作方法：

1. 将鸡腿剁成 2 厘米见方的块，洗去血污，挤干水分。

2. 糯米拣净杂质，①用清水泡数小时至涨透，沥干水分。

3. 蒜末放入大碗内，加入烧至极热的色拉油搅匀。

4. 鸡块放入大碗内，②加入盐、XO 酱、姜末、油泼蒜末和水淀粉拌匀，腌制 15 分钟。

5. 将腌制入味的鸡块逐块裹上糯米，堆在盘中。

6. 上笼用旺火蒸至熟烂后取出，撒葱花，淋香油即成。

下厨心语

① 糯米一定要泡透后再用。蒸制时若觉得糯米发硬，可适当淋点汤水，否则成菜后糯米无黏糯感。

② 腌制时加入少量水淀粉，可使成菜口感滑嫩，但切忌过多，以免食之似粉疙瘩。

粉蒸榆钱鸡

鸡肉软嫩，榆钱香糯，味道香辣。

原料： 肉鸡腿2个，榆钱150克，五香米粉100克，白菜叶100克，葱白15克，生姜10克

调料： 油酥豆瓣酱1大勺，红辣椒油1大勺，辣椒粉1/2小勺，盐2/3小勺，鲜汤1/2杯，香油1小勺

制作方法：

1. 榆钱择洗干净，放入清水浸泡1小时后捞出，挤干水分。

2. 将肉鸡腿上的残毛洗净，剔去骨头，①在内侧划上十字花刀，切成1.5厘米见方的块。

3. 葱白切细碎花；生姜洗净，切碎粒；白菜叶略氽。

4. 将红辣椒油、油酥豆瓣酱、辣椒粉、盐、姜粒、一半的葱花和全部鲜汤放入大碗内，调成香辣味汁，加入鸡肉块拌匀，腌制15分钟，再加入五香米粉和榆钱拌匀。

5. 白菜叶铺在笼屉上，放上腌制入味的榆钱鸡块，②用中火蒸30分钟后离火。

6. 撒剩余葱花，淋烧热的香油，原笼上桌即成。

下厨心语

① 鸡腿先划上花刀后再改切成块，既便于腌制入味，受热时又容易熟透。

② 蒸制时间要充分，以达到软烂的质感。

冰梅酱红糖鸡

清香持久，入口即化。

原料： 土鸡腿 1 个，红糖粉 1 大勺

调料： ① 冰梅酱 2 大勺，米酒 1 大勺，黑胡椒粉 1/2 小勺，白糖 1 小勺

制作方法：

1. 土鸡腿洗净，剔去骨头后稍剁，沥干水分，放入大碗内。② 加入红糖粉、米酒、白糖和黑胡椒粉拌匀，腌制 3 小时。

2. 竹帘铺平，铺上一层耐热胶膜，放上腌制入味的鸡腿肉。

3. 将竹帘卷紧，放入盘中。

4. 上笼用旺火蒸 20 分钟后取出，③ 放入冰箱冷藏。

5. 食用时取出切片，排入盘中，③ 随冰梅酱上桌蘸食即成。

> **下厨心语**
>
> ① 如果不喜欢冰梅酱，可根据个人口味换成其他酱料。
>
> ② 此菜突出红糖的风味，要控制好用量。
>
> ③ 鸡腿冷藏后改刀，容易成型。

炸蒸笨鸡皮扎

色泽红亮，软烂香醇，咸鲜可口。

原料： 净笨鸡 500 克，皮扎 250 克，葱段 10 克，姜片 10 克

调料： 料酒 1 大勺，干淀粉 1 大勺，酱油 2 小勺，盐 1 小勺，五香粉 1/2 小勺，色拉油 1 杯，
鲜汤 1 杯

制作方法：

1. 将净笨鸡剁成 2.5 厘米见方的块，☞① 放入盆内，加入 1/2 大勺料酒、1 小勺酱油、干淀粉、5 克葱段和姜片拌匀，腌制 30 分钟。

2. 将皮扎切成 2 厘米见方的菱形块。

3. 锅内倒入色拉油烧至六成热，放入鸡块炸上色且断生，倒入漏勺内沥干油分。

4. 用鲜汤、盐、剩余料酒和酱油以及全部五香粉调成味汁。

5. 将鸡块和皮扎块装入蒸碗内。倒入味汁，放上剩余葱段和姜片，☞② 上笼用旺火蒸 30 分钟至软烂，取出翻扣在盘中即成。

下厨心语

① 鸡块表面挂浆不要太厚，否则会影响口感。

② 蒸制时间必须足够。

小贴士：皮扎的做法

皮扎是一种河南民间小吃，多见于安阳、邯郸等地。皮扎是将适量粉条泡软，煮 5 分钟后捞出切碎，加入姜粉、小茴香粉、花椒粉、盐、蒜末，再加入适量干淀粉搅匀，上锅蒸 30 分钟即成。皮扎蒸好后切成块，可与蔬菜同炒或凉拌。

OK铁板鸡

鸡肉滑嫩，口味酸甜。

原料： 鸡胸肉 200 克，青椒 1 根，洋葱 50 克，鸡蛋 1 个

调料： OK 汁 1/3 杯，盐 1/3 小勺，水淀粉 1 大勺，色拉油 2/3 杯

制作方法：

1. 将鸡胸肉切成 0.5 厘米厚的小长方片，①用刀脊轻轻拍剁几下，加入盐、鸡蛋液和水淀粉拌匀，腌制入味。

2. 洋葱剥去外皮，青椒洗净去蒂，分别切成 0.5 厘米宽的圈。

3. 坐锅点火，倒入色拉油烧至四成热，放入鸡片滑至断生，倒出沥干油分。

4. 净铁板放上 3 大勺色拉油烧至冒烟，夹起放在木托上，先铺上洋葱圈和青椒圈，放上鸡片，②最后加入 OK 汁即成。

下厨心语

① 鸡肉腌制入味前用刀脊稍拍剁，目的是破坏鸡肉纤维，便于腌制入味，使口感鲜嫩。

② OK 汁的用量要控制好。太少，成菜口味欠佳；过多，倒在铁板上后会溢出边缘，影响美观。

小贴士： OK 汁

OK 汁是一种调料，主要原料有果汁、番茄酱、胡萝卜、白糖、果酸等，主要突出酸甜风味，一般用于油炸菜品的蘸酱或酸甜菜品的烧汁等。

茶香烤卤鸡

鸡肉香肥，茶味浓郁。

原料： 净肥鸡 1 只，葱节 10 克，姜片 10 克，优质茶叶 1 小勺

调料： 炖鸡料 1 包，料酒 1 大勺，盐 2 小勺，酱油 2 小勺，香油 1 小勺，孜然粉 1 小勺，色拉油 1 大勺

制作方法：

1. 净肥鸡同凉水一起入锅上火，煮沸后续煮 3 分钟，捞出洗净血水，沥干水分。

2. ①茶叶用温水泡开。

3. 不锈钢锅内加入清水，放入肥鸡、盐、料酒、炖鸡料包、酱油、5 克葱节和姜片。

4. 旺火煮沸后转小火卤熟，捞出沥干汤汁。

5. 烤盘内抹一层色拉油，放上剩余葱节和姜片，摆上卤好的肥鸡，撒上泡开的茶叶，放入预热到 250℃ 的烤箱内。

6. ②烤 5 分钟至表皮色泽金红、外焦里嫩时取出。

7. 拣去茶叶，在鸡表面刷一层香油。

8. 切块装盘，撒上孜然粉即成。

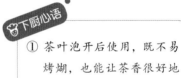

下厨心语

① 茶叶泡开后使用，既不易烤煳，也能让茶香很好地与鸡肉交融在一起。

② 此菜采用熟烤的方法，所以要控制好烤制时间。

日式唐扬鸡块

外焦里嫩，酸甜清香。

原料： 去骨鸡腿 1 个，蛋清 1 个，蒜末 1 小勺

调料： 苹果醋 3 大勺，蜂蜜 1 大勺，料酒 1/2 大勺，干淀粉 2 小勺，柠檬汁 1 小勺，色拉油 1 杯

制作方法：

1. 将去骨鸡腿清洗干净，用厨房纸巾擦干水分。
2. 将带皮的一面朝下， ^① 用刀背敲打另一面，然后切成大小适合的块放入大碗内。
3. ^②加入料酒抓 1 分钟，再放入蛋清继续抓 1 分钟，最后加入干淀粉将鸡块抓匀。
4. ^③将苹果醋倒入小碗内，加入柠檬汁和蜂蜜调匀，再加入蒜末调匀成蘸汁。
5. 坐锅点火，倒入色拉油烧至五成热，放入鸡块炸至定型捞出。
6. 待油温升高， ^④复炸一遍后捞出，沥干油分。
7. 装盘，随蘸汁上桌食用即成。

下厨心语

① 鸡肉一定要用刀背拍一遍。
② 腌鸡肉时要用手揉搓鸡肉，以 2 分钟为宜。
③ 还可以根据个人口味选择自己喜欢的番茄酱、沙拉酱或其他酱汁。
④ 鸡块要炸两遍。

孜辣鸡排

酥脆鲜香，孜辣味浓。

原料： 鸡骨架 1 个，蒜末 2 小勺，鸡蛋 1 个

调料： 料酒 1 大勺，盐 1 小勺，葱姜汁 1 小勺，孜然粉 1/2 小勺，细红辣椒粉 1/2 小勺，干淀粉 1 小勺，色拉油 1 杯

制作方法：

1. 将鸡骨架切成长条块。

2. 洗净后放入大碗内，加入盐、料酒、葱姜汁、鸡蛋液和干淀粉拌匀，将鸡骨架挂匀薄蛋浆，静置 10 分钟。

3. 坐锅点火， ①倒入色拉油烧至五成热，逐块放入鸡骨架炸至金黄酥脆，捞出沥干油分。

4. ②锅内留底油烧热，加入鸡骨架，再加入蒜末、孜然粉和细红辣椒粉炒匀，装盘上桌即成。

下厨心语

① 炸鸡排时应用低温油炸熟，高温油复炸，成菜口感才会酥脆。

② 回锅炒制时锅内应留少量底油，并用小火，这样成菜才会油润浓香。

海鲜酱爆鸡

外焦内嫩，海鲜味浓，微带麻辣。

原料： 🐨①白卤鸡 1/2 只，鲜青尖椒、鲜红尖椒各 75 克，大蒜 10 克，生姜 5 克

调料： 海鲜酱 1 大勺，鲜花椒 2 小勺，白酒 2 小勺，白糖 1 小勺，盐 1/3 小勺，色拉油 1 杯

制作方法：

1. 鲜青尖椒、鲜红尖椒洗净，切成 3 厘米长的段。

2. 大蒜拍松切末；生姜洗净，切片。

3. 坐锅点火，倒入色拉油烧至六七成热，🐨②下入白卤鸡炸成金黄色，捞出沥干油分。

4. 改刀成长条状。

5. 锅内留底油烧热，放入姜片、蒜末、鲜花椒和鲜青尖椒、鲜红尖椒炒香，加入海鲜酱、白糖、盐和白酒调味。

6. 倒入卤鸡柳，翻匀装盘即成。

下厨心语

① 要把白卤鸡腹腔内的汁水揩干，以免油炸时爆锅。

② 卤鸡千万不要炸得过干，否则口感不佳。

奥尔良烤翅

外焦里嫩，咸鲜微辣。

原料： 鸡翅 8 只

调料： 新奥尔良腌料粉 1 大勺半，料酒 1 大勺，盐 1 小勺，胡椒粉 1/3 小勺

制作方法：

1. 将鲜鸡翅洗净，①剁去翅尖，并在内侧划上两刀，逐一处理完。

2. 奥尔良腌料粉放入碗内，加水调成糊状。

3. 将鸡翅放入大碗内，加入料酒、盐和胡椒粉拌匀，再加入调好的奥尔良糊拌匀，②腌制 24 小时。

4. ③将腌好的鸡翅放入烤箱，先用 170~180℃烤 15 分钟至八成熟，再转 200℃烤 3 分钟，取出即成。

下厨心语

① 为了烹饪时色泽更好看，要去掉鸡翅的尖端部分；在鸡翅内侧划上两刀，更易入味。

② 为使鸡翅更入味，最好提前放冰箱腌制 12~24 小时。

③ 先用中温烤熟再高温烤片刻，可使鸡翅表皮颜色焦黄诱人。

小贴士：如何自制腌料

如果没有新奥尔良腌粉，可用橙汁 2 大勺，红葡萄酒 2 大勺，蜂蜜 1 大勺，番茄酱 1/2 大勺，细辣椒粉 1 小勺，黑胡椒粉 1/2 小勺，桂皮、香叶、八角、草果、姜粉、小茴香各少许，混合均匀腌制鸡翅，烤或煎皆可。甜味和辣味的调料比例以 3:1 为最佳。

沙茶烤鸡翅

金黄油亮，外酥内嫩，味道鲜美。

原料：鸡翅中 10 只，鸡蛋 1 个，葱节 5 克，姜片 5 克

调料：沙茶酱 2 大勺，料酒 1 大勺，干淀粉 1 大勺，盐 2/3 小勺，白糖 2/3 小勺，胡椒粉 1/3 小勺，香油 1 小勺，色拉油 1 杯

制作方法：

1. 鸡翅中洗净，用钢针戳数下，放入大碗内，🐷¹加入料酒、葱节、姜片、盐、白糖、胡椒粉和沙茶酱拌匀，腌制入味。

2. 鸡蛋打散，和干淀粉一起放入碗内，加入适量水调匀成蛋糊。

3. 将腌制入味的鸡翅中挂匀蛋糊，放入烧至六成热的油锅内炸至定型捞出。

下厨心语

4. 🐷² 将鸡翅放入预热到 195℃的烤箱内烤 5 分钟。

5. 再转 220℃烤 3 分钟至熟后取出，刷上香油，🐷³整齐装盘即成。

① 腌制时盐的用量要掌握好，过多则味咸，无法食用；过少则成菜味道寡淡，不香浓。

② 应用低温烤熟，再用高温烤至金黄酥脆。

③ 也可直接用油炸熟食用。

麻花辣子鸡

鸡肉嫩，麻花脆，味香辣。

原料： 肉鸡腿 2 个，小麻花 100 克，青尖椒 1 根，葱节 15 克

调料： 海鲜酱 1 大勺，干辣椒 5 根，料酒 2 小勺，干淀粉 1 小勺，红油 1 小勺，盐 2/3 小勺，
白糖 1/2 小勺，色拉油 2/3 杯

制作方法：

1. 将肉鸡腿剔去骨头，在内侧划出多道十字刀纹，再切成 1.5 厘米见方的块。

2. 加入海鲜酱、料酒和 1/3 小勺盐拌匀，腌制 30 分钟，再加入干淀粉抓匀上浆。

3. 青尖椒洗净，同干辣椒分别切短节。

4. 坐锅点火，①倒入色拉油烧至四五成热，放入鸡块浸炸至熟透且表面略焦，倒出沥干油分。

5. ②锅内留底油烧热，放入青尖椒节、干辣椒节和葱节炒出香辣味，倒入鸡块和小麻花，边颠翻边加入白糖和剩余盐翻匀。

6. 淋红油，起锅装盘即成。

下厨心语

① 由于鸡块用酱料腌制，故炸制时油温不能太高，否则，鸡块表面极易炸黑，使成菜色泽不美观。

② 回锅翻炒时用火忌旺，以免炒煳辣椒，使成菜有苦味。

剁椒小滑鸡

色泽鲜艳，口感滑嫩，咸香微辣。

原料：鸡胸肉 200 克，黄瓜 1 根，蛋清 1 个，葱花 1 小勺，姜末 1 小勺

调料：剁椒酱 2 大勺，盐 1/5 小勺，水淀粉 2 小勺，干淀粉 1 小勺，鲜汤 5 大勺，香油 1 小勺，色拉油 2/3 杯

制作方法：

1. 将鸡胸肉切成 5 厘米长、筷子粗的长条，加入盐、蛋清和干淀粉抓匀上浆，再加入 2 小勺色拉油拌匀。

2. 黄瓜洗净，切成条。

3. 坐锅点火，🐷①倒入色拉油烧至三成热，分散下入上浆的鸡柳滑至断生。

4. 放入黄瓜条过油，倒出沥干油分。

5. 锅内留底油烧热，炸香葱花和姜末，🐷②放入剁椒酱炒出红油，加入鲜汤炒匀，倒入鸡柳和黄瓜条炒匀。

6. 勾水淀粉，淋香油，再次翻匀，出锅装盘即成。

① 鸡柳滑炒时油温不宜过高，否则易结成团，且鸡柳表面炸焦，不滑嫩。

② 剁椒酱有咸味，故调味时可不加盐。

子姜嫩鸡

滑嫩味鲜，姜味突出。

原料： 肉鸡腿 2 个，鲜子姜 100 克，蛋清 2 个，葱花 1 小勺，蒜末 1 小勺

调料： 蚝油 1 大勺，盐 1/3 小勺，干淀粉 1 小勺，水淀粉 2 小勺，鲜汤 3 大勺，香油 1 小勺，色拉油 1 杯

制作方法：

1. 肉鸡腿洗净，剔除骨头，切成 5 厘米长、筷子粗的长条，放入大碗内。

2. 加入 1/6 小勺盐和 1 大勺清水，☞①用手抓摔上劲，再加入蛋清和干淀粉抓拌均匀。

3. 子姜刨皮洗净，用刀拍松，切成 0.3 厘米粗的小条。

4. 将蚝油、鲜汤、剩余盐和水淀粉放入小碗内调成味汁。

5. 坐锅点火，倒入色拉油烧至三四成热，☞②先放入子姜条，再下入上浆的鸡柳滑至断生，倒入漏勺内沥干油分。

6. 锅内留底油烧热，下入葱花和蒜末炸香，倒入味汁炒透，再倒入鸡柳和子姜条快速颠翻均匀，淋香油，出锅装盘即成。

下厨心语

① 鸡柳上浆时要用力抓摔，让浆液进入鸡肉纤维中，增加嫩度。

② 过油时应先下入子姜条，再下入鸡柳，这样鸡肉的口感才滑嫩。

杭椒鸡柳

杭椒清脆，鸡肉滑嫩，味道鲜香。

原料： 肉鸡腿 2 只，杭椒 100 克，蛋清 1 个，葱花 10 克

调料： 蚝油 1 大勺，生抽 1 大勺，盐 1/3 小勺，干淀粉 2 小勺，水淀粉 2 小勺，鲜汤 3 大勺，
色拉油 1/2 杯

制作方法：

1. 将肉鸡腿洗净后剔除骨头，切成 3.5 厘米长、
   筷子粗的条。

2. 杭椒洗净去蒂，切成短节。

3. 鸡柳放入大盆内，①加入 3 大勺清水，用
   手抓摔至鸡肉全部吸收。

4. 再加入蛋清、盐和干淀粉拌匀上浆。

5. 坐锅点火，②倒入色拉油烧至三四成热，
   ③分散放入鸡柳滑熟，倒出沥干油分。

6. 原锅留底油烧热，放入葱花和杭椒略炒。

7. ④加入鲜汤、蚝油和生抽，煮沸后勾水淀粉，
   倒入过油的鸡柳，翻匀装盘上桌即成。

下厨心语

① 鸡柳要先吸收适量的水，以增加鸡
肉的嫩度。

② 油温不能超过四成热，鸡肉的口感
才滑嫩柔软。

③ 鸡柳要采用滑炒的方法。

④ 在调味时蚝油和生抽用量较多，因
此无需再加盐。

红薯荷兰豆鸡柳

鸡肉滑嫩，红薯绵糯，咸香回甜。

原料： 红薯 150 克，鸡胸肉 150 克，荷兰豆 50 克，葱花 1 小勺，蒜片 1 小勺

调料： 干淀粉 2 小勺，盐 1 小勺，白糖 2/3 小勺，酱油 1 小勺，胡椒粉 1/3 小勺，香油 1 小勺，
色拉油 1 杯

制作方法：

1. 鸡胸肉切成筷子粗的条，放入碗内，加入 1/3 小勺盐和 1 小勺干淀粉抓匀，再加入 1 小勺色拉油拌匀，腌制 5 分钟。

2. 红薯洗净去皮，切成小指粗的条；荷兰豆斜刀切条，放入沸水中汆烫。

3. 葱花和蒜片放入小碗内，加入剩余盐和干淀粉以及白糖、酱油、胡椒粉、香油和适量水调成味汁。

4. 锅内倒入剩余色拉油烧至四成热，放入红薯条炸成金黄色，倒出沥干油分。

5. 🐷① 锅内留 2 大勺底油烧热，放入鸡柳炒散变色，加入荷兰豆和红薯条炒匀。

6. 🐷② 倒入调好的味汁翻匀，装盘上桌即成。

下厨心语

① 炒鸡柳时油温不宜过热，否则会结成团。
② 味汁入锅后应稍等片刻再翻动，这样才能挂匀原料。

青笋滑鸡腿

质感滑嫩，味鲜香辣。

原料： 鸡腿肉 200 克，去皮青笋 100 克，红柿椒 1/2 根，洋葱 25 克，蛋清 2 个

调料： 黄辣椒酱 1 大勺，水淀粉 1 大勺，盐 2/3 小勺，鲜汤 3 大勺，香油 1 小勺，色拉油 1 杯

制作方法：

1. 🍳①鸡腿肉带皮切成 4 厘米长、筷子粗的长条。

2. 青笋、红柿椒、洋葱分别洗净，切成小条。

3. 鸡柳放入碗内，🍳②加入 1/3 小勺盐、蛋清和 1/2 大勺水淀粉抓匀上浆，再加入 2 小勺色拉油拌匀。

4. 用鲜汤、香油、剩余盐和水淀粉调成芡汁。

5. 锅内倒入色拉油烧至三成热，下入鸡柳滑至断生，再加入青笋条和红柿椒条过油，倒入漏勺内沥干油分。

6. 锅内留底油烧热，炸香洋葱条，下入黄辣椒酱炒香，倒入鸡柳、青笋条、红柿椒条和芡汁，翻炒均匀，装盘上桌即成。

下厨心语

① 如嫌肥腻，也可去除鸡皮。

② 鸡柳上浆时要用力抓摔，让浆液进入鸡肉纤维中，增加嫩度。

猕猴桃核桃鸡丁

色泽素雅，鸡肉滑嫩，果肉脆甜。

原料： 鸡胸肉 200 克，猕猴桃肉 100 克，炸核桃仁 50 克，蛋清 1 个，葱花 1 小勺，姜末 1 小勺

调料： 盐 1 小勺，水淀粉 2 小勺，色拉油 3 大勺，鲜汤 5 大勺

制作方法：

1. 鸡胸肉切成 1 厘米见方的丁，放入碗内，加入 1/3 小勺盐、蛋清和 1 小勺水淀粉拌匀上浆。

2. 猕猴桃肉切成小丁；炸核桃仁用沸水氽透，沥干水分。

3. ⚐① 用鲜汤、剩余盐和水淀粉在小碗内调成味汁。

4. 坐锅点火，倒入色拉油烧至五成热，放入上浆的鸡丁炒至八成熟，加入葱花和姜末炒香。

5. ⚐② 放入猕猴桃肉丁略炒。

6. ⚐② 再放入炸核桃仁和味汁快速炒匀，出锅装盘即成。

下厨心语

① 味汁的量能裹匀原料即可。

② 猕猴桃肉和核桃仁加热时间不要太长，以保证美妙的口感。

红枣银芽鸡丝

红白分明，鸡肉滑嫩，味道咸鲜。

原料： 净鸡肉 150 克，蛋清 1 个，绿豆芽 150 克，鲜红枣 100 克，葱丝 10 克

调料： 干淀粉 2 小勺，料酒 2 小勺，盐 2/3 小勺，鲜汤 2 大勺，香油 1 小勺，色拉油 1/2 杯

制作方法：

1. 鲜红枣洗净，去核切丝。

2. 净鸡肉切成丝，放入碗内，加入料酒、1/3 小勺盐、蛋清和干淀粉拌匀上浆。

3. 绿豆芽洗净，沥干水分。

4. 坐锅点火，①倒入色拉油烧至四成热，下入鸡肉丝滑熟，倒出沥干油分。

5. 锅内留底油烧热，炸香葱丝，②放入绿豆芽、鸡肉丝和鲜红枣丝。

6. 再加入鲜汤和剩余盐翻炒入味，淋香油，出锅装盘即成。

下厨心语

① 滑鸡肉丝时油温不宜过高，否则会结成团。

② 鲜红枣丝最后加入，确保口感爽脆。

泰式番茄蜜瓜鸡柳

鸡柳滑嫩，味道甜辣，吃法新颖。

原料： 鸡胸肉 150 克，哈蜜瓜、圣女果、黄瓜各 100 克

调料： 泰式甜辣酱 1 大勺，料酒 1 小勺，干淀粉 1 小勺，盐 2/3 小勺，色拉油 2 大勺

制作方法：

1. 鸡胸肉去净筋络，切成筷子粗的条。

2. 放入碗内，加入 1/3 小勺盐、料酒和干淀粉拌匀，腌制 20 分钟。

3. 哈蜜瓜去种子去皮，切成与鸡肉相同粗细的条；圣女果洗净，对半切开；黄瓜洗净切成菱形片。

🧑‍🍳 **下厨心语**

① 炒鸡柳时油不宜过热，否则会结成团。

② 炒制时如太干，可加入适量汤水。

4. 坐锅点火，🧑‍🍳① 倒入色拉油烧至四成热，下入鸡柳炒至变色，加入泰式甜辣酱炒匀。

5. 放入哈蜜瓜条、圣女果和黄瓜片，加入剩余盐，🧑‍🍳② 炒匀即可。

枸杞龙眼鸡片

色泽鲜艳，爽滑软嫩，味道鲜美。

原料： 鸡胸肉 150 克，鲜龙眼 50 克，枸杞 1 大勺半，蛋清 1 个，葱花 2 小勺，蒜片 2 小勺

调料： 料酒 1 小勺，盐 2/3 小勺，水淀粉 2 小勺，干淀粉 1 小勺，鲜汤 3 大勺，香油 1/3 小勺，
色拉油 1/2 杯

制作方法：

1. 将鸡胸肉用坡刀切成抹刀片，放入碗内。

2. ①加入蛋清、料酒、1/3 小勺盐和干淀粉，拌匀上浆。

3. 鲜龙眼肉去壳，对半切开，去核；枸杞用温水泡软。

4. 坐锅点火，②倒入色拉油烧至三成热，分散放入鸡片滑至断生，倒出沥干油分。

5. 锅内留 1 大勺底油烧热，爆香葱花和蒜片，放入龙眼肉和枸杞略炒，加入鲜汤和剩余盐炒匀。

6. 加入水淀粉，倒入鸡片炒匀，淋香油，起锅装盘即成。

下厨心语

① 鸡肉上浆时最好先加入少量清水，使鸡肉纤维吸收水分，以保持鸡片的最佳嫩度。

② 严格控制油温和时间，避免鸡片脱浆和质地变老。

葱辣鸡杂

香辣诱人，口感美妙。

原料： 卤鸡杂200克，①香辣酥、酒鬼花生米、小香葱各25克

调料： 色拉油1大勺

制作方法：

1. 卤鸡杂切片。

2. 小香葱洗净，切成2厘米长的短节；酒鬼花生用刀切碎。

3. 坐锅点火，倒入色拉油烧热，下入葱节炸香，放入卤鸡杂炒干水汽。

4. ②再加入香辣酥和酒鬼花生米翻炒均匀，出锅装盘即成。

下厨心语

① 小香葱用量要多，以突出其浓郁的味道。

② 如搭配时令蔬菜炒制，需加入少许盐调味。

黄瓜炒鸡肝

鸡肝软嫩，黄瓜清脆，咸鲜卤香。

原料： 黄瓜 200 克，卤鸡肝 150 克，大葱 10 克

调料： 盐 1/3 小勺，香油 1 小勺，色拉油 1 大勺

制作方法：

1. 黄瓜洗净，竖切成两半，① 斜刀切成厚片；
   大葱切碎。

2. 卤鸡肝切厚片。

3. 坐锅点火，倒入色拉油烧热，下入葱花炸香，
   倒入黄瓜片炒干水汽，加入盐调味。

4. ② 加入卤鸡肝片炒匀，淋香油，起锅装盘
   即成。

下厨心语

① 黄瓜切片不宜太薄。

② 卤鸡肝味道较浓，应在黄瓜调好味
   后再加入。

蚕豆爆鸡胗

红绿相间，略带卤香。

原料：香卤鸡胗200克，鲜蚕豆100克，生姜5片，鲜红美人椒1根

调料：盐1/2小勺，色拉油1大勺

制作方法：

1. ☞① 香卤鸡胗切片。

2. 鲜红美人椒洗净去蒂，斜刀切成马蹄形。

3. ☞② 蚕豆放入沸水锅内汆烫30秒，捞出沥干。

4. 坐锅点火，倒入色拉油烧热，爆香姜片，放入鲜红美人椒略炒，倒入蚕豆炒干水汽。

5. 加入盐调味，再加入鸡胗片炒透即成。

下厨心语

① 鸡胗切片不能太薄。

② 蚕豆要进行汆烫处理以去除豆腥味，但时间不能过长。

孜然爆鸡心

孜然味浓，略带辣味。

原料： 香卤鸡心150克，青椒、红椒各50克，香菜段5克，大蒜3瓣

调料： 孜然粉1小勺，辣椒粉1小勺，料酒1大勺，盐1/3小勺，色拉油2大勺

制作方法：

1. 香卤鸡心切厚片。

2. 青椒、红椒洗净去蒂，切菱形片；大蒜切片。

3. 坐锅点火，①倒入色拉油烧热，放入蒜片爆香。

4. ①再放入青椒、红椒片炒干水分，②加入盐调味，再加入鸡心片炒软，烹料酒，略炒。

5. 最后加入孜然粉、辣椒粉和香菜段翻炒均匀，装盘即成。

下厨心语

① 底油不要太多，原料的水分也要炒干，否则稀释孜然粉，影响成菜味道。

② 香卤鸡心有咸味，要控制好盐的用量。

鸡肉酥汤

质感酥嫩，味道咸鲜。

原料： 净鸡肉 200 克，葱花 5 克，姜末 5 克，油菜心 6 棵，鸡蛋 1 个

调料： 葱姜水 1 大勺，盐 1 小勺，干淀粉 1 小勺，酱油 1 小勺，香油 1/3 小勺，色拉油 2/3 杯

制作方法：

1. 净鸡肉切成小指粗的条，放入碗内，🐾①加入葱姜水、1/3 小勺盐、鸡蛋液、干淀粉和 1 大勺色拉油拌匀。

2. 油菜心分瓣洗净，沥干水分。

3. 锅内倒入剩余色拉油烧至五成热，放入鸡柳炸熟，倒入漏勺内沥干油分。

4. 锅内留底油烧热，放入葱花和姜末炸香，加入适量开水，放入剩余盐和酱油调好色味，放入鸡柳，🐾②用小火炖酥。

5. 加入油菜心略煮，盛入汤碗内，淋香油即成。

下厨心语

① 鸡柳挂浆不宜过厚。
② 炖制时不要用大火，否则，原料外表会煳烂。

酸辣鸡丝汤

鸡丝滑嫩，酸辣味鲜，佐饭佳肴。

原料：鸡肉 100 克，水发木耳、火腿肠各 50 克，蛋清 1 个，姜丝 5 克，香菜末 1 小勺

调料：干淀粉 2 小勺，香醋 1 大勺，盐 1 小勺，胡椒粉 1 小勺，香油 1/3 小勺

制作方法：

1. 鸡肉切成细丝，🐤①加入蛋清和 1 小勺干淀粉拌匀上浆。

2. 火腿肠和水发木耳分别切丝；取剩余干淀粉与 1 大勺清水调匀成水淀粉。

3. 坐锅点火，加入清水、姜丝、胡椒粉和木耳丝，煮沸后分散下入鸡丝汆熟。

4. 🐤②加入盐和香醋调好酸辣味，用水淀粉勾玻璃芡。

5. 撒入火腿丝和香菜末，淋香油即成。

下厨心语

① 鸡丝上浆时如太干，可加入少量清水。

② 香醋定酸味，切忌过早加入。

双豆鸡翅汤

汤清味鲜，质感香滑。

原料： 🐔①鸡翅中 300 克，黄豆、青豆各 25 克，姜片 5 克，葱节 5 克

调料： 料酒 1 大勺，盐 1 小勺

制作方法：

1. 将鸡翅中洗净，剁成小节，用热水烫洗一遍，沥干水分。

2. 黄豆和青豆分别择洗干净，🐔②用清水泡发。

3. 锅内加入清水上火煮沸，放入鸡翅中、黄豆、青豆、葱节、姜片和料酒。

4. 用旺火煮沸，撇去浮沫，改小火炖熟。

5. 加入盐调味，略炖即成。

下厨心语

① 因鸡翅的翅根部位胶原蛋白含量较低，故选用翅中。

② 黄豆和青豆要事先用清水泡发后再炖，但不要将外皮除去。

麻香豆花鸡

色泽素雅，质感嫩滑，口味鲜香。

原料： 鸡胸肉 150 克，白菜叶 150 克，五花肉 30 克，蛋清 2 个，香菜段 5 克

调料： 芝麻酱 1 大勺，韭花酱 1 小勺，盐 1 小勺，水淀粉 1 大勺，姜汁 1/3 小勺，香油 1 小勺，
色拉油 1 大勺，胡椒粉 1 小勺

制作方法：

1. 鸡胸肉和五花肉分别切成粒，搅在一起剁成细泥，
放入大碗内。

2. 大碗内再依次加入蛋清、2/3 小勺盐、1/6 小勺姜汁
和水淀粉，🐻① 用筷子顺同一方向搅拌上劲成鸡蓉。

3. 芝麻酱放入小碗内，加入 3 大勺热水调成稀糊，加
入韭花酱、剩余姜汁和香油调匀成麻酱汁；白菜叶
洗净，用手撕成块。

4. 锅内放入清水上火煮沸，下入白菜叶、剩余盐和胡
椒粉，煮至白菜叶软后捞入汤碗内。

5. 鸡蓉倒入汤中，用筷子搅成小块豆花状，🐻② 用小
火氽熟，倒入放有白菜叶的汤碗内。

6. 倒上麻酱汁，再将烧热的色拉油浇在麻酱汁上。

7. 撒香菜段即成。

💭
😊 下厨心语

① 搅鸡蓉时应始终顺同一方向搅
拌，切不可换方向，否则不易搅
打上劲，入锅后形不成豆花状。

② 要用小火氽熟鸡蓉，口感才滑嫩。

香菜鸡肉羹

入口润滑，味道咸鲜。

原料： ☞① 熟鸡肉 150 克，香菜 50 克，生姜 5 克

调料： 盐 1 小勺，水淀粉 2 大勺，香油 1/3 小勺

制作方法：

1. 熟鸡肉用手撕成细丝。

2. 生姜和香菜分别洗净，沥干水分，切成碎末。

3. 坐锅点火，放入清水和姜末烧沸，下入鸡肉
   丝，加入盐调成咸鲜味，☞② 用水淀粉勾玻
   璃芡。

4. 撒香菜末，淋香油，推匀即成。

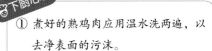

下厨心语

① 煮好的熟鸡肉应用温水洗两遍，以
  去净表面的污沫。

② 勾入的水淀粉要适量，过多则汁稠
  易结块；过少则汤汁太稀，达不到
  成菜的质量要求。

熘香椿鸡蓉

翠绿，滑嫩，咸鲜。

原料： 鸡胸肉 100 克，猪肥膘肉 25 克，香椿 30 克，蛋清 3 个

调料： 葱姜汁 1 大勺，料酒 2 小勺，盐 1 小勺，胡椒粉 1/3 小勺，水淀粉 1 大勺，香油 1 小勺

制作方法：

1. 鸡胸肉和猪肥膘肉分别切成小丁，放入料理机内打成细泥，盛入大碗内，①加入蛋清、料酒和葱姜汁搅匀。

2. 香椿洗净，②放入沸水中汆烫后晾凉挤干水分，切成细末，加入鸡蓉内拌匀。

3. 锅内加入清水烧至微沸，用汤匙舀入香椿鸡蓉，用小火汆熟，捞入盘内。

4. 锅内留 1/3 的汤汁，加入胡椒粉和盐调好味，用水淀粉勾薄芡，淋香油。

5. 起锅淋在香椿鸡蓉上即成。

下厨心语

① 调鸡蓉时一定要顺同一方向搅拌上劲，这样吃起来才有弹性。

② 香椿必须进行汆烫处理后使用，以去除部分亚硝酸盐。

图书在版编目（CIP）数据

鸡香如意／格润生活编著 . —— 青岛：青岛出版社，2016.5
（最好的食材）

ISBN 978-7-5552-3588-0

Ⅰ . ①鸡… Ⅱ . ①格… Ⅲ . ①鸡肉 – 菜谱 Ⅳ . ① TS972.125

中国版本图书馆 CIP 数据核字 (2016) 第 040043 号

书　　　名	鸡香如意
全案策划	格润生活
编　　著	格润生活
出版发行	青岛出版社
社　　址	青岛市海尔路 182 号（266061）
本社网址	http://www.qdpub.com
邮购电话	13335059110　0532-68068026
责任编辑	肖　雷
文稿编写	牛国平
摄　　影	赵潍影像工作室
插　　图	宋晓岩
制　　版	青岛艺鑫制版印刷有限公司
印　　刷	青岛海蓝印刷有限责任公司
出版日期	2016 年 6 月第 1 版　2016 年 6 月第 1 次印刷
开　　本	16 开（710 毫米 ×1010 毫米）
印　　张	12
书　　号	ISBN 978-7-5552-3588-0
定　　价	32.80 元

编校质量、盗版监督服务电话　4006532017　0532-68068638
印刷厂服务电话　4006781235
建议陈列类别：生活类　美食类